Ganapathy Kavitha
Kishore Ghanapriya
Puthupalayam Thangavelu Kalaichelvan

# Isolamento de micróbios de resíduos e seu efeito na eletricidade

Ganapathy Kavitha
Kishore Ghanapriya
Puthupalayam Thangavelu Kalaichelvan

# Isolamento de micróbios de resíduos e seu efeito na eletricidade

ScienciaScripts

**Imprint**



Cover image: www.ingimage.com

This book is a translation from the original published under ISBN 978-3-659-62798-9.

Publisher:
Sciencia Scripts
is a trademark of
Dodo Books Indian Ocean Ltd. and OmniScriptum S.R.L publishing group

120 High Road, East Finchley, London, N2 9ED, United Kingdom
Str. Armeneasca 28/1, office 1, Chisinau MD-2012, Republic of Moldova, Europe
Managing Directors: Ieva Konstantinova, Victoria Ursu
info@omniscriptum.com

Printed at: see last page
**ISBN: 978-620-8-52428-9**

# *ÍNDICE*

*Dedicado aos meus queridos pais*

## *Resumo*

As células de combustível microbianas (MFC) são dispositivos que utilizam bactérias para gerar eletricidade a partir de matéria orgânica. Neste estudo, foram utilizadas diferentes águas residuais como tal e também foram selecionadas culturas puras. Entre o número de culturas bacterianas puras obtidas, duas culturas apresentaram os melhores resultados (*Staphylococcus aureus* e *Enterobacteriaceae*). Da mesma forma, duas culturas de algas (*Chlamydomonas* sp. e *Spirulina* sp.) também foram testadas quanto ao seu potencial eletroquímico. Estes organismos cresceram no ânodo para formar um biofilme. Estes organismos transferem os protões através da membrana de troca de protões e os electrões para o cátodo para completar o circuito. A voltagem foi medida com um multímetro e comparada entre os organismos. Foi efectuada a sequenciação do ADN (16s rRNA) de uma das melhores estirpes bacterianas. O aumento da eficiência potencial da unidade MFC foi verificado com eléctrodos revestidos com nanopartículas de prata

# *Introdução*

As necessidades energéticas têm vindo a aumentar exponencialmente a nível mundial. Atualmente, as necessidades energéticas mundiais dependem sobretudo dos combustíveis fósseis, o que acaba por conduzir a um esgotamento previsível da limitada fonte de energia fóssil. A combustão de combustíveis fósseis tem também graves efeitos negativos no ambiente devido à emissão de CO2. As preocupações com as alterações climáticas, o aumento da procura global das reservas finitas de petróleo e gás natural e a segurança energética estão a intensificar a procura de alternativas aos combustíveis fósseis.

A utilização do hidrogénio como combustível alternativo tem merecido muita atenção em todo o mundo. Mais recentemente, a produção de eletricidade utilizando células de combustível microbianas (MFC) parece estar a ganhar importância na comunidade de investigação. Estas duas abordagens de produção de combustível alternativo têm inúmeras vantagens - são limpas, eficientes, renováveis e não geram qualquer subproduto tóxico. No entanto, o bio-hidrogénio produzido a partir da fermentação anaeróbica é considerado.

As formas de energia renováveis e limpas são uma das maiores necessidades da sociedade. Ao mesmo tempo, 2 mil milhões de pessoas no mundo não dispõem de saneamento adequado nem dos meios económicos para o pagar. Nesta investigação, estamos a trabalhar para dar resposta a estas duas necessidades humanas. Os custos energéticos são um fator importante no tratamento de águas residuais. Nos EUA, por exemplo, 5% da eletricidade produzida é utilizada para a infraestrutura da água e das águas residuais (todos os aspectos, incluindo bombagem, tratamento, etc.), sendo 1,5% utilizada apenas para o tratamento das águas residuais.

Há muito tempo que estamos completamente dependentes das fontes de energia convencionais, como o carvão e o petróleo. Estas duas fontes de energia não renováveis contribuem para a maior parte do nosso consumo de energia e estamos a aproximar-nos lentamente de uma fase em que estes combustíveis estão a tornar-se rapidamente escassos devido ao enorme aumento da procura mundial. As células de combustível biológicas oferecem uma solução potencial para estes problemas, adoptando a solução da natureza para a produção de energia. Utilizam os substratos disponíveis a partir de fontes renováveis e convertem-nos em subprodutos inofensivos com produção simultânea de eletricidade.

A construção de uma sociedade sustentável exigirá a redução da dependência dos combustíveis fósseis e a diminuição da quantidade de poluição gerada. O tratamento de águas residuais é uma área em que estes dois objectivos podem ser abordados simultaneamente. Como resultado, tem-se verificado recentemente uma mudança de paradigma, da eliminação de resíduos para a sua utilização.

Existem várias estratégias de processamento biológico que produzem bioenergia ou bioquímicos enquanto tratam as águas residuais industriais e agrícolas, incluindo a digestão anaeróbia metanogénica, a produção biológica de hidrogénio, as células de combustível microbianas e a fermentação para a produção de produtos valiosos. No entanto, existem também barreiras científicas e técnicas à aplicação destas estratégias.

## CÉLULAS DE COMBUSTÍVEL

As células de combustível são dispositivos que convertem a energia química diretamente em eletricidade. A conversão química ocorre num elétrodo anaeróbio, onde é utilizado um catalisador para acelerar a oxidação de uma célula de combustível. Os electrões resultantes desta oxidação passam através de uma carga exterior para o cátodo, enquanto os protões se difundem através de uma membrana permeável aos protões para o cátodo. Os protões e os electrões são então utilizados para reduzir o oxigénio a água, através de uma reação catalisada no elétrodo catódico.

## VANTAGENS DAS PILHAS DE COMBUSTÍVEL

São simples, produzem apenas água como produto residual e extraem eletricidade do combustível de forma mais eficaz do que os sistemas de combustão caldeira-gerador. Podem funcionar com hidrogénio puro, normalmente derivado do metano, combinando-o com vapor a alta temperatura ou, numa conceção recentemente desenvolvida, com o próprio metano. A biomassa, a energia eólica, a energia solar ou outras fontes renováveis podem fornecer energia para produzir hidrogénio ou outros combustíveis para utilização em células de combustível, que podem ser instaladas em edifícios (por exemplo, escolas, hospitais, casas), em veículos ou em pequenos dispositivos, como telemóveis ou computadores portáteis. Atualmente, as pilhas de combustível funcionam com muitos combustíveis diferentes, até mesmo com gás proveniente de aterros sanitários e de estações de tratamento de águas residuais.

## CÉLULA DE COMBUSTÍVEL MICROBIANA

As células de combustível microbianas tornam possível a produção de eletricidade a partir de micróbios. Há quase cem anos que se sabe que as bactérias podem gerar eletricidade, mas só nos últimos anos é que esta capacidade se tornou mais do que uma novidade laboratorial. As razões para este recente interesse na utilização de micróbios para gerar eletricidade são uma combinação da necessidade de novas fontes de energia, descobertas sobre a fisiologia microbiana relacionada com o transporte de electrões e o avanço das tecnologias de células de combustível.

Numa célula de combustível microbiana (MFC), as bactérias são separadas de um aceitador de electrões terminal no cátodo, de modo a que o único meio de respiração seja a transferência de electrões para o ânodo. Os electrões fluem para o cátodo como resultado do potencial eletroquímico entre a enzima respiratória e o aceitador de electrões no cátodo.

O conceito de utilização da atividade catabólica microbiana para gerar eletricidade diretamente a partir da degradação da matéria orgânica permite o acesso a fontes de energia baratas e respeitadoras do ambiente. A conversão de energia pode ser conseguida com a ajuda de células de combustível microbianas, em que a maior parte dos microrganismos fermentativos servem como biocatalisadores e a partir dos quais os electrões são desviados e transferidos para um elétrodo para gerar eletricidade em células de combustível microbianas anteriores.

As MFCs podem representar uma abordagem completamente nova para o tratamento de águas residuais. Se a produção de energia nestes sistemas puder ser aumentada, a tecnologia MFC pode fornecer um novo método para compensar os custos operacionais da estação de tratamento de águas residuais , tornando o tratamento avançado de águas residuais mais acessível tanto para os países em desenvolvimento como para os industrializados.

Os MFC captam a energia produzida pelo metabolismo microbiano natural e podem gerar eletricidade a partir de materiais ricos em matéria orgânica, como o solo, o estrume ou os restos de comida. Em contrapartida, a maioria das tecnologias de energia renovável baseia-se na energia solar ou eólica. Ao contrário destas e de outras soluções naturais para a produção de eletricidade, os MFCs são mais fiáveis, funcionando de dia ou de noite, faça chuva ou faça sol, e são nitidamente menos dispendiosos.

Como se tornou claro que o mundo vai precisar de alternativas energéticas, alguns investigadores viraram-se para a ideia de encontrar novas formas de libertar a enorme quantidade de energia contida nas plantas e noutras matérias orgânicas. Esta é a ideia por detrás do etanol, um combustível feito a partir do milho. Mas, em vez de utilizar a matéria orgânica para produzir um combustível, este MFC converte a matéria orgânica diretamente em eletricidade.

Uma célula de combustível microbiana (MFC) é um dispositivo que converte energia química em energia eléctrica com a ajuda da reação catalítica de microrganismos. Uma MFC é constituída por um ânodo e um cátodo separados por uma membrana específica de catiões. Os micróbios no ânodo oxidam o combustível e os electrões e protões resultantes são transferidos para o cátodo através do circuito.

## ESTRUTURA DA CÉLULA DE COMBUSTÍVEL MICROBIANA

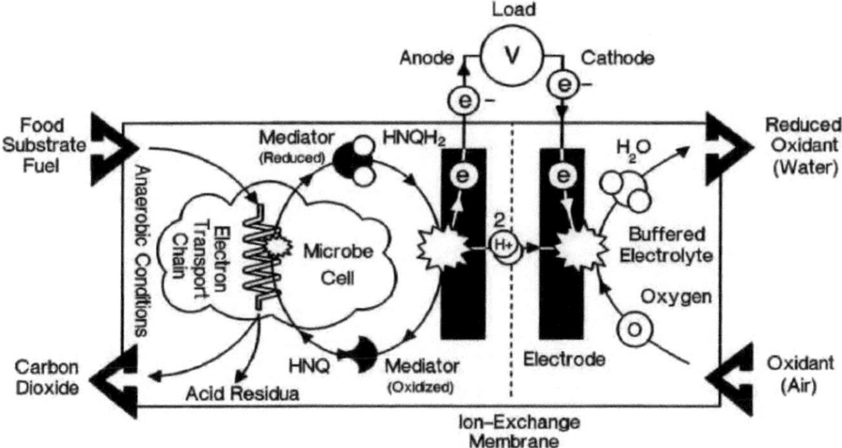


**Representação esquemática de uma MFC típica para produção de eletricidade**

## PRINCÍPIO DA CÉLULA DE COMBUSTÍVEL MICROBIANA

As células de combustível funcionam, em princípio, como uma bateria: convertem combustível em eletricidade por meios electroquímicos. No entanto, ao contrário de uma bateria, uma célula de combustível não necessita de ser recarregada, uma vez que produz energia enquanto o combustível for fornecido. O combustível hidrogénio é introduzido no ânodo da célula de combustível e o oxigénio (ou ar) entra na célula através do cátodo. Os átomos de hidrogénio dividem-se em protões e electrões, promovidos por um catalisador. Os protões passam através do eletrólito, enquanto os electrões criam uma corrente separada que pode ser utilizada antes de regressarem ao cátodo para reagir com o hidrogénio e o oxigénio, formando água.

Os microrganismos podem transferir electrões para o elétrodo anódico de três formas:

- Mediadores exógenos (externos à célula) como o ferricianeto de potássio, a tionina ou o vermelho neutro;
- Utilização de mediadores produzidos pelas bactérias
- Por transferência direta de electrões das enzimas respiratórias (ou seja, citocromos) para o elétrodo (Bond *et al.,* 2003, Min 2004).

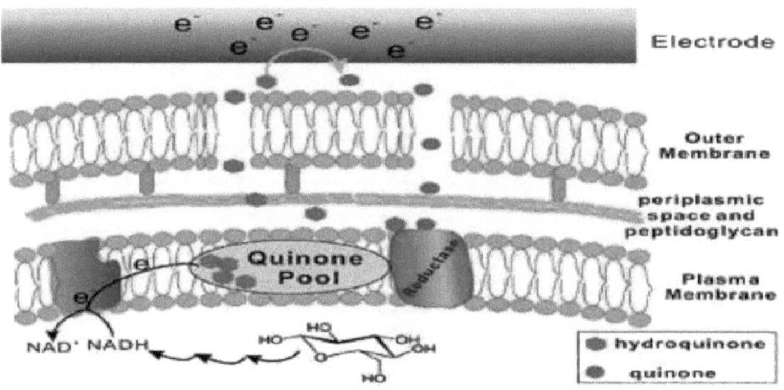


**Metabolismo da glicose e cadeia de transporte de electrões**

**FONTE**

Recentemente, têm sido feitos esforços para utilizar as águas residuais domésticas como combustível para as MFC devido a preocupações ambientais e à necessidade de reutilizar os resíduos (**Liu *et al.* 2004a; Logan 2004**). As lamas de depuração anaeróbias são um bom candidato para inocular uma MFC porque são facilmente obtidas a partir de uma estação de tratamento de águas residuais e contêm comunidades bacterianas muito variadas que contêm estirpes de bactérias electroquimicamente activas. Acredita-se que a maioria das bactérias nas lamas de águas residuais anaeróbias típicas consiste em bactérias fermentativas, metanogénicas e redutoras de sulfato (**Angenent *et al.*, 2002; Dollhopf *et al.*, 2001).**

**BIO-FILME**

Uma biofilme microbiana é uma estrutura tridimensional complexa na qual os microrganismos crescem embebidos na matriz das substâncias poliméricas extracelulares que produzem. As biofilmes desenvolvem-se em todos os tipos de superfícies, como cascos de navios, unidades costeiras, tubagens para transporte de petróleo ou distribuição de água, pedras, roupas, raízes e folhas de plantas, pele humana, etc. Há muito que se sabe que as películas biológicas naturais são capazes de aumentar a aerobiose e a corrosão, catalisando várias reacções electroquímicas em superfícies metálicas. As películas biológicas são assim responsáveis pela chamada biocorrosão.

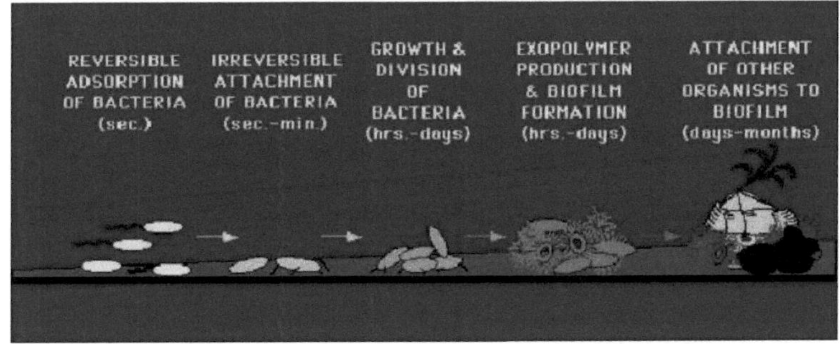


**Formação de biofilme na superfície do ânodo**

## REACÇÕES TÍPICAS DOS ELÉCTRODOS

### Cátodo

Devido ao seu bom desempenho, o ferricianeto (K3 [Fe (CN)] 6) é muito popular como aceitador experimental de electrões em células de combustível microbianas. A maior vantagem do ferricianeto é o baixo sobrepotencial utilizando um cátodo de carbono simples, resultando num potencial de trabalho do cátodo próximo do seu potencial de circuito aberto.

### Reação anódica

$$(CH_2O)_n + nH_2O \rightarrow nCO_2 + 4ne^- + 4nH^+$$

### Reação catódica

$$O_2 + 4e^- + 4H^+ \rightarrow 2H_2O$$

A maior desvantagem, contudo, é a insuficiente reoxidação pelo oxigénio, o que exige a substituição regular do catolito. Além disso, o desempenho a longo prazo do sistema pode ser afetado pela difusão de ferricianeto através do CEM e para a câmara do ânodo.

## TIPOS DE CÉLULAS DE COMBUSTÍVEL MICROBIANAS:

### Célula de combustível mediadora

Um tipo gera eletricidade a partir da adição de transportadores artificiais de electrões (mediadores) para realizar a transferência de electrões para o elétrodo. A maior parte das células microbianas são electroquimicamente inactivas. A transferência de electrões das células microbianas para o elétrodo é facilitada por mediadores como a tionina, o metil viologeno, o azul de metilo, o ácido húmico e o vermelho neutro.

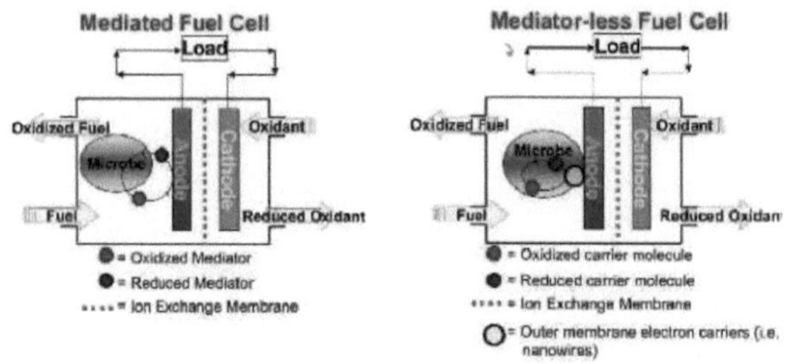


**Fig. 4. Tipos de células de combustível microbianas**

**Célula de combustível sem mediador**

A célula de combustível sem mediador não necessita de um mediador, mas utiliza bactérias electroquimicamente activas para transferir electrões para o elétrodo (os electrões são transportados diretamente da enzima respiratória bacteriana para o elétrodo). O outro tipo não requer estas adições de químicos exógenos e pode ser vagamente definido como uma MFC sem mediador (**Bond e Lovely, 2003; Chundhuri e Lovely, 2003; Lui *et al.*, 2004).** As MFCs sem mediadores podem ser consideradas como tendo maior potencial comercial do que as MFCs que requerem mediadores, uma vez que os mediadores típicos são caros e tóxicos para os microrganismos. Entre as bactérias electroquimicamente activas encontram-se a *Shewanella putrefaciens e a Aeromonas hydrophila.* Algumas bactérias, que têm pili na sua membrana externa, são capazes de transferir a sua produção de electrões através desses pili **(Bond *et al.*, 2003).**

**Mediadores**

A maioria das células microbianas é electroquimicamente inativa; a transferência de electrões das células microbianas para o elétrodo é facilitada pela ajuda de mediadores como a tiamina, o violeta de metilo, o vermelho neutro e o ácido húmico.

Os mediadores devem:

1. Penetram nas células dos microrganismos quando oxidadas,
2. Reagem prontamente com a fonte de electrões,
3. Ser capaz de sair rapidamente da célula quando reduzida,
4. Ser electroquimicamente ativo na superfície do ânodo,
5. Ser estável durante longos períodos de tempo,
6. Ser solúvel no meio anólito,
7. Não ser tóxico para o biocatalisador,

8. Não ser metabolizado pelo biocatalisador

Uma série de fenoxazinas, fenotiazinas, fenazinas, indofenol, derivados de bipiridílio, azul de etileno, sais de tetrazólio (CH3N4), tionina e HNQ (2-hidroxi-1, 4, - naftoquinona) são mediadores potenciais.

**Presença de nanofios**

Bactérias condutoras de eletricidade Os apêndices conhecidos como nanofios só recentemente foram descobertos, pelo que a(s) sua(s) estrutura(s) não está(ão) bem estudada(s) ou compreendida(s). Até ao momento, foi demonstrado que as estacas produzidas por algumas bactérias são condutoras de eletricidade através do tratamento por microscopia eletrónica de túnel de varrimento.

**APLICAÇÃO DE MFCs**

**1) Produção de eletricidade**

- Os MFC são adequados para alimentar pequenos sistemas de telemetria e sensores sem fios.
- Utilizado para o funcionamento contínuo de pequenos veículos ou barcos sem necessidade de recarregar as baterias.
- Pequenos geradores de energia para locais remotos que não dispõem de fontes principais de eletricidade.
- A MFC é um candidato perfeito para o fornecimento de energia aos gastrobots, alimentando-se da biomassa recolhida por eles próprios **(Wilkinson, 2000).**
- Também são possíveis aplicações de MFC numa nave espacial.
- No futuro, uma MFC em miniatura pode ser implantada no corpo humano para alimentar um dispositivo médico implantável com os nutrientes fornecidos pelo corpo humano (**Chai, 2002**).

**2) Biohidrogénio**

- A MFC pode ser facilmente modificada para produzir hidrogénio em vez de eletricidade.
- Os protões e os electrões são produzidos pela reação anódica e combinados no cátodo para formar hidrogénio.
- O hidrogénio pode ser acumulado e armazenado para utilização posterior, a fim de ultrapassar a caraterística de baixa potência inerente à MFC.

**3) Tratamento de águas residuais**

- Numerosas células de combustível têm demonstrado gerar energia através da oxidação de compostos encontrados em fluxos de águas residuais.

- Este procedimento permite atingir dois objectivos úteis;
- Para a remoção de compostos orgânicos do fluxo de resíduos
- Para a produção de energia eléctrica.
- Uma análise recente sobre o assunto **(Logan 2005)** calcula que as águas residuais da cidade de 150.000 pessoas poderiam ser potencialmente utilizadas para gerar até 2,3 MW de energia (assumindo uma eficiência de 100%), embora uma potência de 0,5 MW possa ser mais realista.
- Deve ser mencionado neste contexto que até 80% da carência química de oxigénio das águas residuais pode ser removida através do tratamento numa célula de combustível microbiana e é possível que a eletricidade gerada desta forma possa ser utilizada no local para alimentar o tratamento posterior das águas residuais.
- Um estudo económico incluído na revisão (**Logan 2005**) mostra o potencial desta aplicação, embora dependa muito do custo local da energia **(Gil *et al.*, 2003, Rabaey *et al.*, 2004, Liu e Logan 2004).**

**4) Biosensor**

- MFC utilizado como biossensor para análise de poluentes e indicadores de tóxicos em rios, à entrada de estações de tratamento de águas residuais.
- Para medir o nível de CBO de um fluxo líquido.

**5) Eletricidade da fotossíntese**

- As plantas produzem, como produto da fotossíntese, sacarose e outros hidratos de carbono de baixo peso molecular.
- Estes resíduos vegetais podem ser colhidos e existe a possibilidade de utilizar este fluxo como alimento para MFCs.
- Alguns sucos vegetais, como o xarope de ácer, já foram testados e produziram uma eficiência de conversão de até 50% **(Rabaey *et al.* 2004)**.

**6) Fontes de energia implantáveis:**

- Uma vez que as células de biocombustível podem potencialmente funcionar em sistemas vivos, o oxigénio e o combustível necessários ao seu funcionamento podem ser retirados do seu ambiente imediato, o que oferece um grande potencial como fontes de energia numa série de possíveis dispositivos médicos implantáveis.
- Por exemplo, foi desenvolvido um biossensor para a glucose que utiliza um ânodo baseado na glucose oxidase e um cátodo de citocromo C para gerar corrente eléctrica **(Katz *et al.*, 2001).**

- Outras utilizações potenciais das células de combustível em miniatura incluem fontes de energia para sistemas de administração de medicamentos, tendo já sido desenvolvidas células de biocombustível suficientemente pequenas para este fim **(Moore *et al.*, 2005).** Os minerais remanescentes após a MFC podem ser reciclados para as árvores ou para as plantas.

**7) Eletricidade dos sedimentos**

- As MFC podem ser utilizadas para gerar eletricidade com base na diferença de potencial gerada pelas bactérias entre o sedimento e a fase aquosa acima **(Tender *et al.*, 2002)**

# *Revisão da literatura*

O objetivo desta revisão da literatura é organizar a informação relevante para ser utilizada como referência na aplicação dos princípios de investigação e experimentação à tecnologia MFC.

Desde que **Krause *et al.*, (1977)** relataram pela primeira vez um sensor de CBO que utilizava microrganismos imobilizados com uma sonda de oxigénio, vários estudos desenvolveram sensores de CBO baseados no consumo de oxigénio dissolvido (OD) por microrganismos imobilizados, tais como leveduras. **(Hikum *et al.*, 1979; kulys e Kadziauskiene, 1980; Yang *et al.*, 1997).** As macroalgas têm sido utilizadas principalmente para produzir metano (**Hansson, 1983; Morand e Briand, 1999; Troiano *et al.*, 1976).**

A célula de combustível microbiana (MFC) é um dispositivo que converte energia química em energia eléctrica durante a oxidação do substrato com a ajuda de microrganismos (**Allen e Bennetto, 1993; Byung Hong Kim *et al.*, 1999, Park e Zeikus, 2000, Bond e Lovely, 2003, Gil *et al.*, 2003, Liu *et al.*, 2004).**

A célula de combustível microbiana é constituída por dois compartimentos, o ânodo e o cátodo, separados por uma membrana de permuta de protões/catiões. Os microrganismos oxidam o substrato e produzem electrões e protões na câmara anódica da MFC. Os electrões recolhidos no ânodo são transportados para o cátodo através de um circuito externo e os protões são transferidos internamente através da membrana. Assim, é produzida uma diferença de potencial entre o ânodo e a câmara catódica devido a soluções líquidas diferentes. Os electrões e os protões são consumidos no compartimento catódico através da utilização do oxigénio da água. A maioria dos estudos utilizou eléctrodos de grafite sólida, feltro de grafite, tecido de carbono e elétrodo catódico de grafite revestido a platina.

Numa tentativa de compreender melhor os microrganismos responsáveis pela redução de Fe (III) em ambientes sedimentares, os microrganismos redutores de Fe (III) foram enriquecidos e isolados de sedimentos aquáticos de água doce, de um aquífero profundo pristino e de um aquífero superficial contaminado por petróleo. Os enriquecimentos foram iniciados com acetato ou tolueno como dador de electrões e Fe (III) como aceitador de electrões. Os isolamentos foram efectuados com acetato ou benzoato. Foram isoladas cinco novas estirpes que podiam obter energia para o crescimento através da redução dissimilatória de Fe (III). Todos os cinco isolados são anaeróbios estritos gram-negativos que crescem com acetato como dador de electrões e Fe (III) como aceitador de electrões. A análise da sequência 16S rRNA dos organismos isolados demonstrou que todos eles pertenciam ao género Geobacter na subdivisão delta das Proteobactérias.

Ao contrário da estirpe-tipo, *Geobacter metallireducens*, três dos cinco isolados podiam utilizar H2 como dador de electrões para a redução de Fe (III). O isolado de subsuperfície profunda é o primeiro redutor de Fe (III) que se mostrou capaz de oxidar completamente o lactato em dióxido de carbono, enquanto um dos isolados de sedimentos de água doce é apenas o segundo redutor de Fe (III) conhecido que pode oxidar o tolueno. O isolamento destes organismos demonstra que as espécies de Geobacter estão amplamente distribuídas numa diversidade de ambientes sedimentares nos quais a redução de Fe (III) é um processo importante **(Coates *et al.*, 1996).**

O principal problema é a extrema sensibilidade da enzima hidrogenase ao oxigénio molecular. O oxigénio suprime a expressão dos genes da hidrogenase em relação ao oxigénio molecular e, em poucos minutos, inativa a hidrogenase de forma completa e irreversível **(Ghirardi et *al.*, 1997).**

Pela primeira vez, é demonstrado que as bactérias termofílicas electroquimicamente activas podem ser enriquecidas para gerar eletricidade e tratar simultaneamente águas residuais artificiais numa ML-MFC hemofílica, direta ou indiretamente para o elétrodo.

Fotobiólise indireta, separando temporariamente as reacções de separação da água e de evolução do oxigénio do processo de produção de hidrogénio. Este conceito foi concretizado por **Melis *et al.* (2000).**

Transferem electrões a uma taxa mais elevada do que as células em fase tardia. A corrente foi gerada a um nível baixo mesmo depois de a glucose ter sido quase completamente consumida. Os produtos da fermentação podem ser convertidos em formas menos reduzidas pela bactéria ou por contaminantes. **(Hung So Park 2001).**

Uma vez que a maioria dos mediadores são caros e tóxicos, ainda não foi comercializada uma célula de combustível microbiana que utilize mediadores **(Geun-CheolGil, 2002).**

A falta de condições de privação de enxofre para o crescimento de *Chlamydomonas reinhardtii* leva a uma rápida diminuição da atividade do fotossistema II - a parte do aparelho fotossintético que evolui para o oxigénio - e a uma diminuição da taxa de produção de oxigénio abaixo da taxa de respiração mitocondrial **(Melis 2002).**

A produção direta de eletricidade utilizando as células vivas da alga *Chlamydomonas reinhardtii* foi realizada através da combinação da atividade fotossintética das algas verdes produtoras de hidrogénio e de um novo conceito de elétrodo, a conversão direta da energia da luz solar em eletricidade é possível através de uma célula solar viva e verde **(Miriam Rosenbaum, Uwe Schroder, Fritz Scholz, 2005).**

Tanto as macrófitas como o fitoplâncton são adequados para cultivo utilizando água de rio, água do mar e algumas águas residuais (**De-Bashan *et al.*, 2004; Walker *et al.*, 2005**). A produção de produtos energéticos a partir de microalgas e macroalgas foi examinada por vários trabalhadores.

Foi utilizado um biossensor do tipo célula de combustível microbiana para determinar a carência bioquímica de oxigénio (CBO) das águas residuais. O biossensor apresentou uma boa correlação entre o valor de CBO e o coulomb produzido. O sensor de CBO funcionou durante mais de 5 anos de forma estável e sem qualquer manutenção. Este período é muito mais longo do que o dos biossensores de CBO anteriormente registados **(Byung Hong Kim, 2002).**

Uma célula de combustível microbiana sem mediador foi optimizada em termos de várias condições de funcionamento. A geração de corrente dependia de vários factores, como o pH, a resistência, o eletrólito utilizado e a concentração de oxigénio dissolvido no compartimento catódico. A corrente mais elevada foi gerada a pH 7. **(Geun- Cheol Gil, 2002).**

A utilização de um absorvente de oxigénio como a cisteína nas MFC é motivada pela identificação de anaeróbios obrigatórios em células de combustível de sedimentos, como as bactérias da família Geobacteraceae **(Bond *et al.*, 2002).**

A célula de combustível microbiana gerou corrente quando aumentada com glucose e com os inóculos bacterianos. A corrente mais elevada foi gerada no início da fase de crescimento exponencial com uma taxa de consumo de glucose mais elevada do que na fase midexponencial. Não é claro porque é que as células na fase inicial de crescimento.

Para aumentar a produção de energia e reduzir o custo das MFCs, examinaram a produção de energia numa MFC de cátodo de ar com eléctrodos de carbono na presença e ausência de uma membrana polimérica de permuta de protões (PEM). As bactérias presentes nas águas residuais domésticas foram utilizadas como biocatalisador, e a glucose e as águas residuais foram testadas como substratos. Verificou-se que a densidade de potência era muito superior à tipicamente registada para as MFC de cátodo aquoso, atingindo um máximo.

Uma abordagem rentável para atingir densidades de potência nesta gama exigirá provavelmente sistemas que não contenham um PEM polimérico no MFC e sistemas baseados na transferência direta de oxigénio para um cátodo de carbono.

As duas garrafas estavam ligadas por um tubo de vidro que continha uma ponte salina para conduzir os protões. Este reator foi inoculado com *Geobacter metallireducens*, uma bactéria redutora de ferro.

O gás hidrogénio pode ser produzido biologicamente em concentrações elevadas (60%) a partir da fermentação de substratos com elevado teor de açúcar, como a glucose e a sacarose **(Van Ginkel *et al.*, 2001; Logan *et al.*, 2005 Kim *et al.*, 1999; Bond e Lovley, 2003; Chaudhuri e Lovley, 2003).**

As células de combustível microbianas (MFC) também foram estudadas como sensor de CBO. **Karube *et al.*** (1977) desenvolveram um sensor de CBO baseado numa MFC utilizando o hidrogénio produzido por Clostridium butyric imobilizado no elétrodo. As MFC com mediadores de electrões também foram estudadas como sensores de CBO **(Stripling *et al.*, 1983; Thurston *et al.*, 1985)**, em que os mediadores são utilizados para facilitar a transferência de electrões das células microbianas para o elétrodo. No entanto, estes sensores têm uma fraca estabilidade a longo prazo, uma vez que os mediadores são geralmente tóxicos para os microrganismos (**Geun Cheol Gil 2003).**

MFCs electroquimicamente assumindo que os microrganismos nas MFCs, enriquecidos e mantidos durante mais de 2 anos, estavam bem adaptados às condições estudadas. As condições operacionais óptimas para a MFC com o volume de trabalho do ânodo de 20 ml foram uma concentração de combustível de 300 mg/lea, uma taxa de alimentação de combustível de 0,53 ml/lea e uma temperatura de 35°C **(Hyunsoo Moon in Seep Chang, Byung Hong Kim, 2004).**

Utilizando as MFCs com cátodo de ar direto, descobrimos que podemos produzir densidades de potência mais elevadas do que as conseguidas com o sistema de duas câmaras. Testes utilizando a SCMFC pequena com cátodo de ar direto, com um PEM, produziram 262 $mW/m^2$ utilizando glucose **(Liu e Logan, 2004).** Examinámos uma variedade de substratos diferentes, como o acetato, o butirato e os polissacáridos, e mostrámos que os níveis de potência anteriormente atingidos podem ser aumentados através de concepções de MFC mais eficientes **(Liu e Logan, 2004; Min e Logan, 2004).**

Demonstrou-se aqui que podem ser utilizados eléctrodos de tecido de carbono em vez de eléctrodos de grafite e que o PEM pode ser eliminado, aumentando a produção de energia, dois factores que reduzem o custo de fabrico das MFC. Foram utilizados revestimentos de Pt nos nossos eléctrodos de cátodo de carbono, mas pode ser possível reduzir os níveis de Pt necessários, ou mesmo eliminar a Pt nos eléctrodos, utilizando outros catalisadores no futuro. Com melhorias contínuas nos catalisadores e materiais das células de combustível, pode ser possível aumentar as taxas de produção de energia nas MFC e reduzir o seu custo. **(Hong Liu, 2004.)**

O aumento da área de superfície dos eléctrodos aumentará a produção de energia por volume de reator e deverá diminuir os tempos de detenção necessários para o tratamento de águas residuais **(Logan 2005).**

Foi gerada eletricidade com estes microrganismos e vários substratos, incluindo glucose **(Rhodoferax ferrireducens Chaudhuri** e **Lovley, 2003)**, lactato, privado e formiato **(S. putrefactions Kim *et al.*,1999)**, benzoato (***G. metallicreducens*** **Bonde *et. al.*, 2000; Bond e Lovley, 2003)**, acetato e hidrogénio (***Geobacter sulfurreducens*** **Bond e Lovley, 2003; Pham *et al.*, 2003).**

As culturas mistas em MFCs sem mediador também foram relatadas para gerar energia usando compostos específicos ou matéria orgânica em águas residuais e sedimentos de m ari n e ( **Reamers *et al.*, 2001; Bond *et al.*, 2000; Gil *et al.* , 2003; Rabaey *et al.*, 2003; Liu *et al.*, 004; Liu e Logan, 2004).**

Recentemente, verificou-se que uma comunidade microbiana mista, constituída principalmente por *Alcaligenes faecalis*, *Enterococcus gallinarum* e *Pseudomonas aeruginosa*, podia produzir energia numa MFC utilizando mediadores produzidos por uma comunidade bacteriana **(Rabaey *et al.*, 2004b).**

As águas residuais de origem animal deveriam constituir uma boa fonte de matéria orgânica para a produção de eletricidade utilizando uma MFC, mas até agora este tipo de águas residuais não foi analisado para a produção de eletricidade **(Logan, 2004).**

**Atividade do tampão**

Os efeitos da variação das concentrações de tampão num ânodo de MFC já foram estudados anteriormente **(Gil *et al.* 2003, Fan *et al.* 2007).** Nestes estudos, os investigadores observaram um aumento da corrente e/ou da densidade de potência com o aumento da concentração de tampão. O tampão pode ser benéfico num processo MFC/MEC por várias razões.

**Fan *et al.* (2007)**, por exemplo, menciona que a transferência de protões entre as câmaras anódica e catódica é melhorada quando se utiliza um tampão. Um aumento da concentração do tampão também aumenta a condutividade da água, o que reduz a resistência óhmica na MFC. Dado que apenas pretendemos estudar os efeitos da concentração do tampão na cinética do biofilme, utilizámos um ânodo controlado por potencióstato, o que nos permitiu concentrarmo-nos na cinética do ânodo, independentemente de outros processos que ocorrem na MEC.

Uma MFC consiste normalmente em duas câmaras, uma anaeróbia (ânodo) e outra aeróbia (cátodo). Na câmara anaeróbia, o substrato é oxidado por bactérias e os electrões são transferidos para o ânodo por um transportador de electrões exógeno ou por um mediador (como o cianeto férrico de potássio, a tionina ou o vermelho neutro). **(Delaney *et al.*,1984; Siebel *etal.*,1984; Lithgow *et al.*,1986; Emde *et.al.*,1989; Emde e Schink,1990; Park eZeikus,2000; Rabaey *et al.*2003; Liu *et al.*,2004; Liu eLogan,2004).**

Uma abordagem para compensar os custos do tratamento de águas residuais industriais e animais consiste em gerar quantidades úteis de bioenergia, como hidrogénio ou gás metano, a partir da matéria orgânica das águas residuais, ao mesmo tempo que se realiza o tratamento (**Logan, 2004; Angenent *et al., 2004*; Rabaey e Verstraete, 2005).**

As águas residuais do processamento de alimentos têm sido testadas para a produção biológica de hidrogénio utilizando bactérias fermentativas em vários tipos de processos **(Das e Vezirog Lu, 2001; Yu *et al.*, 2002; Oh e Logan, 2005; Van Ginkel *et al.*, 2005)** que é possível produzir eletricidade diretamente a partir de águas residuais de suínos utilizando uma MFC, ao mesmo tempo que se realiza o tratamento das águas residuais. Foram efectuados testes preliminares utilizando um cátodo aquoso,

MFC de duas câmaras para demonstrar a viabilidade do tratamento e para comparação das densidades de potência obtidas utilizando outros substratos. Em seguida, foram efectuados testes mais extensos utilizando uma MFC de câmara única e cátodo de ar, que é conhecida por produzir mais energia do que o sistema de duas câmaras **(Liu e Logan, 2004).**

Para examinar o potencial de geração de energia em MFCs utilizando proteínas, foram examinados três substratos diferentes. A albumina de soro bovino (BSA) foi selecionada como um composto modelo com um peso molecular e uma estrutura conhecidos. A BSA é também altamente solúvel em água e foi anteriormente utilizada como proteína modelo em estudos de águas residuais (**Confer e Logan, 1997; McLaughlin e Crombie-Quilty, 1983).** A peptona é uma mistura complexa de diferentes proteínas que é utilizada rotineiramente em meios microbiológicos **(Liu, Xing, Chang, Zhiya e Liu, 2005)**. A célula de combustível microbiana de fluxo ascendente (UMFC) foi desenvolvida para gerar eletricidade e, simultaneamente, tratar águas residuais. Durante um período de cinco meses de alimentação de uma solução de sacarose como dador de electrões, a UMFC gerou continuamente eletricidade com uma densidade de potência máxima de 170 MW /m$^2$.

Para atingir esta densidade de potência, foi necessário o mediador de electrões artificiais hexacianoferrato na câmara catódica. A densidade de potência aumentou com o aumento das taxas de carga de carência química de oxigénio (CQO) até 2,0 g CQO/L/dia, após o que não se observaram mais aumentos na densidade de potência, indicando a presença de factores limitantes. O principal fator limitante para a UMFC neste estudo foi a resistência interna, que foi estimada em 84 na densidade de potência máxima, e restringiu a potência de saída causando uma diminuição significativa no potencial de funcionamento.

As baixas eficiências coulombianas, que variaram entre 0,7 e 8,1%, implicaram que as bactérias de transferência de electrões foram incapazes de converter todos os produtos orgânicos disponíveis em eletricidade, pelo que o excesso de substrato criou nichos para o crescimento de metanogénios. Verificámos que as eficiências de remoção de CQO solúvel (SCOD) se mantiveram acima dos 90% durante todo o período operacional, principalmente devido à atividade metanogénica, que representou 35 a 58% da CQO removida a uma taxa de carga de 1,0 g CQO/L/dia. Além disso, a limitação do transporte devido à difusão insuficiente do substrato foi demonstrada por voltametria cíclica **(Zhen He *et al.*, 2005).**

**Célula de combustível microbiana de sedimentos:**

Uma célula de combustível microbiana (MFC) de sedimentos produz eletricidade através da oxidação bacteriana da matéria orgânica contida no sedimento. No entanto, a densidade de potência é limitada, em parte devido ao baixo teor de matéria orgânica da maioria dos sedimentos marinhos. Para aumentar a produção de energia destes dispositivos, foram adicionados substratos particulados ao compartimento do ânodo. Foram testados três materiais: dois produtos de quitina disponíveis no mercado que diferem em tamanho de partícula e biodegradabilidade (Chitin 20 e Chitin 80) e pó de celulose.

A geração de energia por MFCs de sedimentos foi substancialmente aumentada pela adição de substratos particulados no material do ânodo. As densidades máximas de potência para SEMs variaram de 54 a 112 mW/m $^2$ para Chitin 20 e 80, respetivamente.

Foi possível obter uma duplicação da densidade máxima de potência em comparação com a grafite não modificada e o feltro de carbono. No entanto, especificamente, a utilização de um elétrodo tridimensional resultou no aumento das densidades de potência volumétrica **(Rabaey *et al.*, 2005)**

Uma célula de combustível microbiana (MFC) é um tipo relativamente novo de biorreactor de filme fixo para o tratamento de águas residuais, e os métodos mais eficazes para a inoculação não são bem compreendidos. Um inibidor de metanogénio (2-bromoetanossulfonato) aumentou o EC para 70%. As bactérias das lamas foram enriquecidas por transferência em série utilizando um meio de ferro férrico, mas quando este enriquecimento foi utilizado num MFC a potência foi inferior (2 mW/m$^2$) à obtida com o inóculo original. Ao aplicar biofilme raspado do ânodo de uma MFC em funcionamento a um novo elétrodo anódico, a potência máxima foi aumentada para 40 mW/m$^2$. Quando um segundo ânodo foi introduzido numa MFC em funcionamento, o tempo de aclimatação não foi reduzido e a potência total não aumentou. Estes resultados sugerem que estas técnicas de inoculação ativa podem aumentar a eficácia do enriquecimento e que o arranque é mais bem sucedido quando o biofilme é colhido do ânodo de uma MFC existente e aplicado ao novo ânodo **(Jung Rae Kim *et al.*, 2005).**

Numa célula de combustível microbiana (MFC), a energia pode ser gerada a partir da oxidação de matéria orgânica por bactérias no ânodo, com redução de oxigénio no cátodo. As membranas de permuta de protões utilizadas nas MFC são permeáveis ao oxigénio, o que resulta na difusão do oxigénio na câmara do ânodo. Isto pode reduzir a produção de energia por anaeróbios obrigatórios ou resultar na perda de dadores de electrões da respiração aeróbia por bactérias facultativas ou outras bactérias aeróbias. A fim de manter as condições anaeróbias em culturas anaeróbias convencionais de laboratório, são normalmente utilizados captadores químicos de oxigénio, como a cisteína. Demonstra-se aqui que a cisteína pode servir de substrato para a produção de eletricidade por bactérias numa MFC. Uma MFC de duas câmaras com uma membrana de permuta de protões foi inoculada com sedimento marinho anaeróbio. Durante algumas semanas, a produção de eletricidade aumentou gradualmente até atingir uma densidade de potência máxima de 19mW/m (resistência de 700 ou 1000O; 385 mg/L de cisteína). A produção de eletricidade aumentou para 39mW/m$^2$ quando as concentrações de cisteína foram aumentadas até *770* mg/L. A utilização de um cátodo mais ativo, com Pt- ou Pt-Ru, aumentou a potência máxima de 19 para 33mW/m, demonstrando que a eficiência do cátodo limitava a produção de energia.

A energia foi sempre gerada imediatamente após a adição de meio fresco, mas os níveis iniciais de energia aumentaram consistentemente em Ca. 30% durante as primeiras 24 horas. A recuperação de electrões como eletricidade foi de 14% com base na oxidação completa da cisteína, com mais 14% (28% total) potencialmente perdidos para a difusão de oxigénio através da membrana de permuta de protões. A análise do biofilme no ânodo da MFC com base no rRNA 16S indicou que os organismos predominantes eram *Shewanella spp.* estreitamente relacionadas com *Shewanella affinis* (37% das sequências do gene rRNA 16S recuperadas em bibliotecas de clones), **(Bruce E. Logan *et al.*, e 2005).**

**Transferência de electrões**

A literatura reconhece dois mecanismos de transferência de electrões da bactéria para o ânodo: transporte de electrões **(Rabaey *et al.*, 2005)** e condução **(Reguera *et al.*, 2006).** No mecanismo de vaivém de electrões, os electrões são transferidos das células bacterianas para um EA solúvel (ou seja, o vaivém, também conhecido como mediador).

A ligação de várias unidades de células de combustível microbianas (MFC) em série ou em paralelo pode aumentar a tensão e a corrente; o efeito na produção de eletricidade microbiana era ainda desconhecido. Seis unidades individuais de MFC contínuas numa configuração empilhada produziram uma potência média horária máxima de 258 W/m$^3$ utilizando um cátodo de hexacianoferrato. A ligação das 6 unidades MFC em série e em paralelo permitiu um aumento das tensões (2,02 V a 228 W m$^3$) e das correntes (255 mA a 248 W m$^3$), mantendo ao mesmo tempo elevadas . Durante a ligação em série, as tensões individuais do MFC divergiram devido a limitações microbianas em correntes crescentes.

Com o tempo, a comunidade microbiana inicial diminuiu em diversidade e as espécies gram positivas tornaram-se dominantes. A mudança da comunidade microbiana acompanhou uma triplicação da potência de curto prazo das MFCs individuais de 73 W m$^3$ para 275 W m$^3$, uma diminuição das limitações de transferência de massa e uma redução da resistência interna da MFC de 6,5 (1,0 para 3,9). Este estudo demonstra uma relação clara entre o desempenho eletroquímico e a composição microbiana das MFCs e comprova ainda mais o potencial de geração de energia útil através das MFCs **(Peter Aelterman *et al.*, 2006).**

Atualmente, há uma necessidade crescente no mundo de formas alternativas de produção de energia. Esta investigação utilizou a tecnologia de células de combustível microbianas (MFC) para tratar lixiviados de aterros sanitários e produzir energia. Embora a tecnologia das MFCs não seja nova, os desenvolvimentos recentes levaram a tecnologia a um nível mais útil e prático. As MFC são dispositivos que funcionam de forma semelhante a uma bateria, mas utilizam bactérias anaeróbias como catalisador para oxidar matéria orgânica e inorgânica e gerar corrente eléctrica (**Logan *et al*., 2006**). São constituídos por eléctrodos condutores num compartimento anódico e catódico. Os eléctrodos facilitam a transferência de electrões do ânodo, através de uma resistência, para o cátodo. Os eléctrodos condutores são frequentemente compostos de carbono ou grafite, sob a forma de feltro, tecido, papel, varetas ou placas. A energia bacteriana é convertida em corrente contínua (DC) que pode ser armazenada numa bateria ou convertida em corrente alternada (AC).

Atualmente, a investigação centra-se nas águas residuais como uma opção para a futura aplicação prática das MFC. Este substrato não só tem as bactérias necessárias, mas também grandes quantidades de matéria orgânica e já é tratado numa instalação que pode ser modificada para incluir a tecnologia MFC. Foi demonstrado na literatura que tanto a condutividade como a alcalinidade são factores-chave que podem afetar o desempenho da MFC, especialmente com a aplicação a águas residuais.

A maioria das MFC funciona a um pH neutro para promover o crescimento bacteriano, mas aumenta a resistência interna devido à baixa concentração de protões. Este problema pode ser ultrapassado aumentando a condutividade da solução/água residual. Também são necessários níveis suficientes de alcalinidade para ajudar a manter o pH do sistema. Os sistemas sem níveis adequados de condutividade e alcalinidade teriam de ser modificados para proporcionar condições óptimas para o funcionamento da MFC.

Quando se considera o lixiviado de aterro para uma MFC, este tem caraterísticas semelhantes às das águas residuais (conteúdo orgânico e um consórcio de bactérias); no entanto, tem também a vantagem adicional de ter uma elevada condutividade e alcalinidade. Os aterros com as suas próprias estações de tratamento de lixiviados podem produzir pequenas quantidades de eletricidade diretamente a partir dos seus lixiviados, ao mesmo tempo que fornecem pré-tratamento aos lixiviados antes da descarga para as práticas de gestão do tratamento final. Há muito pouca investigação publicada sobre a utilização de lixiviados de aterros sanitários como substrato em MFCs **(Shi *et al,* 2006).**

**Eléctrodos**

Dado que a potência de saída das MFC é baixa em relação a outros tipos de células de combustível, a redução do seu custo é essencial para que a produção de energia utilizando esta tecnologia seja um método económico de produção de energia. A maioria dos estudos utilizou eléctrodos de grafite sólida relativamente caros, mas também podem ser utilizados feltros de grafite e tecidos de carbono.

A utilização de materiais utilizados em laboratório, como a tela de carbono ou os grânulos de grafite, apresenta desafios substanciais para o aumento de escala. A tela de carbono (em relação aos grânulos) é dispendiosa e seria difícil de utilizar nas mesmas configurações em grandes sistemas que as testadas nalguns sistemas de laboratório. Os grânulos são pesados e podem entupir-se devido a porosidades relativamente baixas. Os reactores de biofilme utilizados no tratamento de águas residuais requerem uma elevada resistência estrutural para suportar o biofilme quando utilizados em condições estruturadas de fluxo aberto, como os filtros de gotejamento.

A transformação de produtos agrícolas é uma indústria importante nos países tropicais com vastas terras agrícolas, como a Malásia, a Indonésia, a Tailândia, etc. Entre as plantações importantes nestes países encontram-se as plantações de óleo de palma e de sagu. O processamento destas culturas agrícolas envolve grandes volumes de águas residuais a temperaturas elevadas. Estas águas residuais são geralmente consideradas não tóxicas, mas têm uma elevada carência biológica de oxigénio (CBO), carência química de oxigénio (CQO) e matérias orgânicas que podem causar poluição ambiental.

Os recentes avanços no domínio das células de combustível microbianas (MFC) constituem uma tecnologia promissora para obter energia e tratar simultaneamente águas residuais com elevado teor orgânico.

Foi demonstrada a produção de eletricidade a partir de várias águas residuais, tais como águas residuais domésticas, de processamento de alimentos, agrícolas e hospitalares, utilizando MFC. Ao mesmo tempo, cerca de 80% dos electrões disponíveis foram recuperados como corrente. No entanto, devido à limitação da concentração orgânica, a diluição das águas residuais agrícolas para concentrações adequadas pode ser uma das opções para permitir um tratamento ótimo e a produção de eletricidade. **(Borchyanjong, 2006).**

A célula de combustível microbiana (MFC) utilizando materiais de baixo custo (eléctrodos de grafite simples não revestidos) sem mediadores tóxicos (cátodo aerado e ânodo sem mediador) foi avaliada em condições acidófilas (pH anódico de 5,5) utilizando consórcios mistos anaeróbios para enumerar a influência da taxa de carga de substrato na produção de bioeletricidade a partir do tratamento anaeróbio de águas residuais à temperatura ambiente (28 ± 2°C). Os dados experimentais mostraram a viabilidade da produção de eletricidade a partir do tratamento de águas residuais. No entanto, verificou-se que a produção global de tensão, o rendimento energético e a degradação do substrato dependem da taxa de carregamento de substrato/orgânico (OLR). Foi registada uma diferença de potencial máxima de 423 mV (1,66 mA) em condições de funcionamento estáveis.

Para além da produção de energia, a célula de combustível também demonstrou a remoção do substrato (62,5%). A OLR aplicada documentou uma influência marcada tanto no rendimento energético como na taxa de degradação do substrato. A produção máxima de energia (274 mW/g CODR; 50 W) foi observada numa OLR de operação de 0,574 kg COD/$m^3$/dia. A tensão e a corrente começaram a diminuir devido ao esgotamento do substrato (redução da CQO) na câmara do ânodo.

É evidente a partir dos dados experimentais que a câmara anódica da MFC imita o reator anaeróbio de crescimento em suspensão normalmente utilizado para o tratamento de águas residuais no que diz respeito à remoção de CQO. O estudo documentou a vantagem do tratamento de águas residuais e da produção de eletricidade num único sistema **(Mohan *et al.*, 2007).**

Embora exista um grande potencial das MFC como fonte de energia alternativa, novo processo de tratamento de águas residuais e biossensor de oxigénio e poluentes, é necessária uma otimização extensiva para explorar ao máximo o potencial microbiano. **Byung Hong Kim *et al.* (2007)** identificam os principais factores limitantes do funcionamento da MFC e apresentam sugestões para melhorar o desempenho.

Vários parâmetros que afectam o funcionamento de uma célula de combustível microbiana (MFC). Baseia-se numa metodologia utilizada em estudos anteriores que utilizam *a Escherichia coli* como biocatalisador e o vermelho neutro como mediador de electrões no que se designa por célula de combustível microbiana de transferência mediada de electrões (MET). Foi analisada a influência da concentração bacteriana, a área efectiva do elétrodo e o volume da célula. Os nossos resultados mostram uma produção de energia proporcional à concentração bacteriana presente no compartimento do ânodo. Uma densidade de potência máxima de 0,789 $\mu W \cdot cm^{2}$ foi medida com um MFC que continha eletrodos de uma área efetiva de 40 $cm^{2}$ com uma concentração bacteriana de 2,1 × 108 cfu ml / L no compartimento anódico. A potência normalizada provou que um aumento da área efectiva do elétrodo no nosso sistema não resulta num aumento linear da potência de saída. Foi demonstrado que um aumento do volume da célula afectava negativamente a potência produzida pelas nossas células **(Davila *et al.*, 2007)**.

O desempenho de três tamanhos diferentes de células de combustível microbianas (MFC) que foram operadas em condições de fluxo contínuo utilizando acetato como substrato combustível e mostram como unidades múltiplas de pequena escala podem ser melhor configuradas para otimizar a produção de energia. Foram efectuadas experiências de curvas de polarização para MFCs individuais de cada tamanho e também para pilhas de múltiplas MFCs de pequena escala, em configurações de série, paralelo e série-paralelo. Das três combinações, a série-paralela provou ser a mais eficiente, aumentando tanto a tensão como a corrente do sistema, coletivamente. As cargas óptimas das resistências determinadas para cada tamanho de MFC durante as experiências de polarização foram depois utilizadas para determinar a potência média de saída a longo prazo.

Em termos de densidade de potência expressa por unidade de área de superfície do elétrodo e por unidade de volume do ânodo, a MFC de pequena dimensão foi superior às MFC de média e grande dimensão por um fator de 1,5 e 3,5, respetivamente. Com base na potência medida de 10 unidades pequenas, uma projeção teórica para 80 unidades pequenas (dando o mesmo volume anódico equivalente a uma unidade grande de 500 ml) deu uma potência projectada de 10 $Wm^3$, que é aproximadamente 50 vezes superior à potência registada produzida pela MFC grande. Os resultados deste estudo sugerem que o aumento de escala da MFC pode ser melhor conseguido ligando várias unidades de pequena dimensão em vez de aumentar o tamanho de uma unidade individual **(Ioannis Ieropoulos *et al.*, 2008).**

As microalgas são plantas verdes unicelulares ricas em clorofila que não possuem lenhina ou celulose e contêm proteínas, hidratos de carbono e lípidos em proporções específicas para cada estirpe (**Schenk *et al.*, 2008**). São abundantes nos oceanos, adequadas para cultivo nos rios e servem como fonte primária de hidratos de carbono e proteínas para os organismos aquáticos.

As macroalgas são mais resistentes aos predadores e às condições ambientais do que as microalgas. São abundantes nas zonas costeiras (**Riegman *et al.*, 1993**), não possuem lenhina e são maioritariamente constituídas por polissacáridos (alginato, laminarano e manitol) e ácidos gordos insaturados que são facilmente hidrolisados, e baixas concentrações de celulose (**Vergara-Fernandez *et al.*, 2008**).

Uma célula de combustível microbiana (MFC) é um dispositivo que converte energia química em energia eléctrica com a ajuda da reação catalítica de microrganismos. Uma MFC é constituída por um ânodo e um cátodo separados por uma membrana específica de catiões. Os micróbios no ânodo oxidam o combustível e os electrões e protões resultantes são transferidos para o cátodo através do circuito e da membrana, respetivamente. Os electrões e protões são consumidos no cátodo, reduzindo o oxidante, normalmente o oxigénio. Uma vez que as células microbianas são electroquimicamente inactivas devido à estrutura não condutora da superfície celular, são utilizados mediadores para facilitar a transferência de electrões das células microbianas para o ânodo nas MFC **(Catal *et al.*, 2008).**

As microalgas foram testadas como matéria-prima para a produção de bio-óleo (**Li *et al.*, 2007**), metano (**Golueke e Oswald, 1959**; Minowa e **Sawayama, 1999**), metanol (**Hirano *et al.*, 1998)** e hidrogénio (**Kim *et al.*, 2006; Turneret *al.*, 2008**).

A produção de bioeletricidade a partir de um fitoplâncton, *Chlorella vulgaris*, e de uma macrófita, *Ulva lactuca*, foi examinada em células de combustível microbianas (MFCs) de câmara única. As MFCs foram alimentadas com as duas algas (como pós), obtendo-se diferenças na recuperação de energia, eficiência de degradação e densidades de potência. *A C. vulgaris* produziu mais energia em comparação com a *U. lactuca*. Densidades máximas de potência obtidas utilizando métodos de ciclo único ou de ciclo múltiplo. Curvas de polarização obtidas usando um método comum de oltametria de varrimento linear. Estes resultados demonstram que as algas podem, em princípio, ser utilizadas como uma fonte renovável de produção de eletricidade em MFCs **(Sharon *et al.*, 2009).**

Uma célula de combustível microbiana (MFC) de duas câmaras com ferricianeto de potássio como aceitador de electrões foi utilizada para degradar o excesso de lamas de esgotos e gerar eletricidade. Foi produzida energia eléctrica estável de forma contínua durante 250 h. A produção de energia da MFC não dependeu significativamente dos parâmetros do processo, tais como a concentração de substrato, a concentração de católito catódico e o pH anódico. No entanto, o poder produzido MFC estava em estreita correlação com a demanda química de oxigênio solúvel (SCOD) de lamas. Além disso, o pré-tratamento ultrassónico das lamas acelerou a dissolução da matéria orgânica e, por conseguinte, a taxa de remoção de TCOD na MFC foi aumentada, mas a produção de energia foi insignificantemente melhorada. Este estudo demonstra que esta MFC pode gerar eletricidade a partir de lamas de depuração numa vasta gama de parâmetros de processo **(Junqiu Jiang *et al.*, 2009)**

A viabilidade da utilização de águas residuais da indústria do chocolate como substrato para a produção de eletricidade, utilizando lamas activadas como fonte de microrganismos, foi investigada em células de combustível microbianas de duas câmaras. Foi determinada a corrente máxima gerada com MFCs de membrana e de ponte salina. A utilização de águas residuais da indústria do chocolate na câmara catódica foi prometedora, com uma saída de corrente de 4,1 mA. A redução significativa da CQO, da CBO, dos sólidos totais e dos sólidos totais dissolvidos das águas residuais em 75%, 65%, 68% e 50%, respetivamente, indicou um tratamento eficaz das águas residuais em experiências de lote **(Patil *et al.*, 2009).**

Apresenta-se aqui uma nova metodologia como uma técnica preliminar eficaz para a identificação de comunidades bacterianas aeróbias e anaeróbias facultativas indígenas presentes nas células de combustível microbianas (MFCs). O método de duas fases, designado por Incubação Estática de Agitação Rápida - Identificação Microbiana, ou RASI-MIDI, consiste na agitação rápida da amostra num testador SLYM-BART, seguida de incubação estacionária, produzindo uma biomassa que é sujeita a extração de ácidos gordos de ésteres metílicos. Estes perfis distintos de ácidos gordos representam uma impressão digital da comunidade bacteriana exclusiva da MFC e são armazenados numa biblioteca para análise. Um total de 84 amostras foram analisadas quanto às estruturas da comunidade bacteriana de sete grupos diferentes de MFCs. Os resultados mostraram que as comparações de MFCs replicadas que incluíam as mesmas comunidades bacterianas geraram números de índice de semelhança (SI) elevados (valores de SI que variam entre 0,77 e 0,97), indicando perfis de ácidos gordos altamente correlacionados.

As MFCs com estruturas de comunidade dissimilares conhecidas não geraram consistentemente valores de SI na análise considerada como uma correspondência significativa. Verificou-se que este protocolo aqui descrito produziu de forma única e precisa perfis de ácidos gordos de MFC contidos em comunidades bacterianas e, assim, fornece um método potencial para estudar rotineiramente as impressões digitais de comunidades bacterianas de MFC **(Nelson *et al.*, 2009).**

O material do ânodo e a sua configuração representam um parâmetro importante numa célula de combustível microbiana (MFC), uma vez que influencia o desenvolvimento da comunidade microbiana envolvida nas bio-reacções electroquímicas. As células de combustível microbianas de câmara única (SCMFC) foram avaliadas com uma área de superfície anódica elevada, conseguida através da utilização de leitos empacotados de grânulos de grafite irregulares. O desempenho da SCMFC com a configuração do ânodo de leito empacotado foi estudado utilizando uma cultura mista de microrganismos de águas residuais reais do sítio em modo de funcionamento descontínuo e contínuo. Verificou-se que a saída de corrente aumenta com o aumento da espessura do leito do ânodo e com a área aproximada do ânodo. A investigação efectuada neste estudo representa um passo em frente para a implementação de aplicações reais da tecnologia MFC. Foi aplicado um modelo de distribuição da corrente no elétrodo de leito compactado, que correlaciona a utilização efectiva do elétrodo com a sua área específica, a condutividade da solução e o declive da curva de polarização. Este modelo pode funcionar como um ponto de partida para a conceção de geometrias de eléctrodos adequadas **(Mirella Di Lorenzo *et al.*, 2009).**

As densidades máximas de potência obtidas utilizando os métodos de ciclo único ou de ciclo múltiplo foram de 0,98 $W/m^2$ (277 $W/m^3$) utilizando *C. vulgaris* e de 0,76 $W/m^2$ (215 $W/m^3$) utilizando *U. lactuca*. As curvas de polarização obtidas utilizando um método comum de voltametria de varrimento linear (LSV) sobrestimaram as densidades máximas de potência a uma velocidade de varrimento de 1 mV/s. A 0,1 mV/s, no entanto, os dados de polarização LSV estavam em melhor concordância com as curvas de polarização de ciclo único e múltiplo. Estes resultados demonstram que as algas podem, em princípio, ser utilizadas como uma fonte renovável de produção de eletricidade em MFCs **(Sharon *et al.*, 2009).**

## *Materiais e métodos*

**RECOLHA DA AMOSTRA:**

As águas residuais de esgotos foram recolhidas das lamas anaeróbias da estação de tratamento de águas residuais de Koyembedu, em Chennai, e a água da lagoa foi recolhida perto de Vandalur.

**SOLUÇÃO DE LIMPEZA:**

Di-cromato de potássio - 60 g

Conc. H2SO4 - 60 ml

Água destilada - 1000 ml

Dissolveu-se o di-cromato de potássio em água quente, arrefeceu-se e adicionou-se lentamente ácido sulfúrico. Mistura-se bem e utiliza-se para limpar objectos de vidro.

**LIMPEZA DE OBJECTOS DE VIDRO:**

As peças de vidro foram limpas por imersão em solução de limpeza de ácido crómico durante 3 horas e depois lavadas cuidadosamente em água da torneira. Posteriormente, foram lavados com detergente comercial, água da torneira, finalmente enxaguados em água destilada e secos em estufa a 80 °C.

**ESTERILIZAÇÃO**

Os artigos de vidro secos e os meios de cultura foram esterilizados em autoclave a 121°C, 15psi durante 20 minutos, e depois armazenados em estufa de ar quente.

**QUÍMICOS**

Produtos químicos como o ferricianeto de potássio, o permanganato de potássio, o hidróxido de potássio, o cloreto de sódio, o nitrato de potássio e outros foram adquiridos à Hi-Media, Loba Fisher Chemicals e Sisco Research Laboratories, Mumbai.

**PREPARAÇÃO DOS MEDIA**

**Composição do ágar nutriente**

Extrato de carne de bovino - 3g

Peptona - 5g

Cloreto de Sódio - 5g

Ágar - 20g

Água destilada - 1000mL

As amostras anaeróbias foram cultivadas em placas de ágar nutriente e subcultivadas em placas de ágar nutriente, tendo sido identificadas as espécies.

**Composição do caldo de Luria**

O caldo Luria contém duas vezes mais cloreto de sódio do que o caldo LB. O cloreto de sódio fornece electrólitos essenciais: iões de sódio, para transporte e equilíbrio osmótico.

Triptona - 10g

Extrato de levedura - 5 g

Ágar - 25 g

Água destilada - 1000 ml

O meio foi preparado e esterilizado no autoclave a 15psi (121°C) durante 15 minutos.

**Composição do ágar sal de manitol**

Proteose peptona - 10.0g

Extrato de carne de bovino - 1.0g

Cloreto de sódio - 75.0g

D- Manitol - 10.0g

Vermelho de fenol - 0.025g

Ágar - 15.0g

Água destilada - 1000ml

pH - 7.4 ±0.2

O meio é preparado suspendendo 111,0 gms em 1000 ml de água destilada. O meio foi fervido por aquecimento para dissolver completamente o meio. Posteriormente, foi esterilizado por autoclavagem a 121°C durante 15 minutos.

**Isolamento de microrganismos**

**Técnica da placa de espalhamento**

**Princípio**

Os microrganismos são omnipresentes na natureza, pelo que é necessário isolar e cultivar culturas puras de organismos para estudar as propriedades de um determinado organismo. A cultura pura representa a população de organismos de uma única espécie na ausência de células vivas de qualquer outra espécie.

**Método**

Todas as águas residuais industriais foram cultivadas em meio Nutrient Agar. O meio foi vertido nas placas e deixado a repousar. Para o isolamento de microrganismos, as amostras são primeiro diluídas em série e as amostras diluídas $5^{th}$, $6^{th}$, e $7^{th}$ são colocadas em placas para isolamento de bactérias em meio NA. Para estas diluições, faz-se uma placa de espalhamento e incuba-se a 36°C durante 18-24 horas.

**Subcultura (técnica da placa de Streak)**

**Princípio**

Um único organismo, fisicamente separado dos outros na superfície do meio, multiplica-se e dá origem a uma colónia localizada.

**Método**

As colónias foram selecionadas a partir da cultura em placa espalhada. O meio foi vertido nas placas e deixado até solidificar. A ansa de inoculação foi aquecida numa chama e deixada arrefecer durante 30 segundos. Tocar na cultura com a ansa e retirar a cultura. Espalhar a cultura nas placas de ágar, esterilizar novamente a ansa e, depois de arrefecer, pegar na cultura de uma extremidade à outra e completar o espalhamento. As placas são incubadas a 36°C durante 18-24 horas.

**Preparação do caldo**

O caldo para os respectivos meios foi preparado sem adição de ágar e foi esterilizado em autoclave.

Inoculou-se no caldo uma ansa cheia de colónias que foram isoladas a partir das técnicas de estria e mantiveram-se no agitador durante uma noite a 36 °C. A presença de turvação no meio revela a presença dos microrganismos. Estes podem também ser conservados num tubo eppendorf para utilização futura.

**Preparação da inclinação**

Para os slants, o meio foi vertido nos tubos de ensaio e mantido em posição inclinada com a extremidade obstruída sobre a vareta de vidro e deixado até o meio solidificar. A cultura foi colhida na ansa esterilizada e depois semeada. Foram incubadas a 36 °C durante 18 a 24 horas. Estas lâminas foram utilizadas para os testes bioquímicos e para a identificação dos microrganismos.

## IDENTIFICAÇÃO DO MICRORGANISMO

**Coloração de bactérias pelo método de Gram**

Neste processo, o esfregaço bacteriano fixado foi submetido aos seguintes reagentes.

**Preparação de reagentes**

- A solução de violeta de cristal foi preparada dissolvendo 2,0 gramas de violeta de cristal em 20,0 ml de álcool etílico.
- A solução de iodo de Gram foi preparada dissolvendo 1,0 grama de iodo e 2,0 gramas de iodeto de potássio em 300,0 ml de água destilada.
- O álcool etílico (95%) foi preparado dissolvendo 95,0 ml de álcool etílico e 5,0 ml de água destilada.
- A safranina foi preparada misturando 10,0 ml de safranina em 100,0 ml de água destilada.

**Procedimento**

Utilizou-se uma cultura com um dia de idade para fazer os esfregaços, que foram fixados pelo calor e cobertos com violeta cristal durante 30 segundos. Em seguida, todas as lâminas foram lavadas com água destilada durante alguns segundos e depois cobertas com solução de iodo de Gram durante 60 segundos. A solução de iodo de grama foi lavada com álcool etílico a 95%. Em seguida, as lâminas foram lavadas com água destilada e escorridas. Adicionou-se então safranina aos esfregaços durante 30 segundos. Lavou-se novamente com água destilada, secou-se ao ar e observou-se ao microscópio.

**Identificação de microrganismos - Testes bioquímicos**

**Teste do citrato de Simmon**

**Princípio**

O teste de utilização do citrato indica a decomposição do citrato em ácido oxaloacético e ácido acético na presença da enzima citrato.

**Preparação do meio de citrato**

| | | |
|---|---|---|
| Cloreto de Sódio | - | 5.0g |
| Sulfato de magnésio | - | 0.2g |
| Di-hidrogenofosfato de amónio | - | 1.0g |
| Fosfato di-potássico | - | 1.0g |
| Citrato de sódio | - | 2.0g |
| Azul de Bromo Thymol | - | 0.08g |
| Água destilada de metal | - | 1000ml |

pH - 6.9

**Método**

Pesar os produtos químicos e preparar o caldo, mantê-lo em autoclave a 121° C durante 15 minutos. Depois de o caldo arrefecer, inocular uma cultura com 4-6 horas de idade no caldo e incubá-lo a 36° C durante 18 a 24 horas. O caldo não inoculado é mantido como controlo, que é de cor verde.

**Teste do vermelho de metilo**

**Princípio**

Os organismos pertencentes às Enterobacteriaceae fermentam a glucose através do piruvato e produzem ácidos mistos e outros produtos finais. Entre eles, um grupo produz ácidos mistos como o ácido acético, lático, succínico e fórmico, etanol, CO2 e H2. Não produzem butilenoglicol. Devido à produção abundante de ácido, o pH final do caldo desce para menos de 4,5, o que pode ser detectado por indicadores de pH. O outro grupo de organismos produz butilenoglicol e acetona, que são de natureza mais neutra e não se nota uma grande descida do pH. Os produtos finais são detectados pelo reagente VP.

**Reagentes**

1. Caldo MR/VP
2. Organismos de teste
3. Reagente MR e VP
4. Outros artigos de laboratório

**5. Preparação de vermelho de metilo em caldo Voges Proskauer**

Peptona - 7g

Dextrose - 5g

Fosfato de potássio - 5g

Água destilada - 1000ml

pH - 6.9

**6. Preparação do reagente vermelho de metilo**

Extrato de carne de bovino - 3g

Peptona - 5g

Cloreto de Sódio - 5g

Ágar - 20g

Água destilada - 1000ml

O vermelho de metilo foi primeiro dissolvido em álcool e depois adicionado água, armazenado num frasco castanho a 4° C.

**Preparação do reagente VP**

**7. Reagente VP A**

Alfa naftol - 5.0 g

Álcool etílico - 100,0 ml

Dissolver primeiro o alfa naftol numa pequena quantidade de álcool e, em seguida, adicionar o álcool restante a 100 ml. Armazenar em frasco castanho a 4°C.

**8. Reagente VP B**

Hidróxido de potássio - 40.0 g

Água destilada - 100,0 ml

1. Arrefecer o balão volumétrico num banho de água fria com 80 ml de água, adicionar os cristais de KOH, dissolver e perfazer 100 ml, armazenar em frascos de polietileno a 4°C.
2. Inocular os organismos no caldo MR/VP, incubar a 37°C durante pelo menos 48 horas
3. Dividir o caldo em duas metades iguais e a uma delas adicionar 0,5 ml de reagente MR
4. Na outra metade, adicionar 0,2 ml do reagente VP A e 0,2 ml do reagente VP B. Misturar suavemente e deixar repousar durante 15 minutos.

**Teste em ágar com ferro e açúcar triplo (TSI)**

**Princípio**

O teste TSI em ágar foi efectuado para indicar a produção de H2S devido à fermentação de glucose, lactose e sacarose.

**Reagente utilizado**

Meio TSI Agar.

**Procedimento**

O meio de ágar TSI foi preparado, esterilizado e distribuído em tubos de ensaio estéreis. Em seguida, a amostra foi inoculada na lâmina utilizando agulhas rectas e incubada a 37° C durante 24 horas e os resultados foram observados.

**Teste da urease**

**Princípio**

A ureia é um diamido do ácido carbónico. A urease, enzima presente na bactéria, hidrolisa a ureia e liberta amoníaco e dióxido de carbono. O amoníaco reage em solução para formar carbonato de amónio, que é alcalino, levando ao aumento do pH. O vermelho de fenol, que é incorporado no meio, muda de cor de amarelo para vermelho em pH alcalino, indicando assim a presença de atividade de urease.

**Requisitos**

**Composição do meio de ágar ureia de Christensen**

Peptona - 0.1 g

Glicose - 0.1 g

Cloreto de sódio - 0.5 g

Fosfato mono potássico - 0.2 g

Fenol vermelho - 1.0 ml

Ágar - 2.0 g.

pH - 6.8

Preparar a base, esterilizar por autoclavagem a 121 °C durante 15 min. Arrefecer até 50 °C em banho-maria e, em seguida, adicionar 5 ml de solução de ureia a 40% esterilizada por filtração. Misturar e distribuir em quantidades de 2-4 l em tubos de ensaio. Deixar o meio solidificar numa posição inclinada, de modo a obter uma extremidade de meia polegada e uma inclinação de 1 polegada.

**Procedimento**

Incubar a lâmina com uma gota de 4-6 horas de crescimento da bactéria em caldo e incubar a 37 °C durante 18-24 horas ou mais.

**Preparação do caldo de lactose**

Lactose - 5g

Cloreto de sódio - 5g

Peptona - 1g

Fenil vermelho - 0.08g

Água destilada - 1000 mL

**Método**

O caldo esterilizado é colocado num tubo de ensaio e o tubo de Durham é mergulhado no caldo. A amostra foi adicionada e incubada durante 18-24 horas.

**Ensaio em caldo de sacarose**

**Preparação do caldo de sacarose**

Sacarose - 5.0g

Cloreto de sódio - 5.0g

Peptona - 10.0g

Fenil vermelho - 0.008g

Água destilada - 1000.0ml

**Método**

O caldo esterilizado é colocado num tubo de ensaio e o tubo de Durham é mergulhado no caldo. A amostra foi adicionada e incubada durante 18-24 horas.

**Preparação do meio de algas**

**3N-BBM+V (Bold Basal Medium com 3 vezes mais azoto e vitaminas) (Kanz e Bold, 1969)**

**Stock 1.** $NaNO_3$ - 25,0 g/L

**Estoque 2.** $MgSO_4.7H_2O$ - 7,5 g/L

**Estoque 3.** NaCl - 2,5 g/L

**Estoque 4.** $K_2HPO_4.3H_2O$ - 7,5 g/L

**Estoque 5.** $KH_2PO_4$ - 17,5 g/L

**Estoque 6.** $CaCl_2.2H_2O$ - 2,5 g/L

**Ação 7. Oligoelementos**

$FeCl_3.6H_2O$ - 97,0 mg

$MnCl_2.4H_2O$ - 41,0 mg

$ZnCl_2.6H_2O$ - 5,0 mg

$CoCl_2.6H_2O$ - 2,0 mg

$Na_2Mo_4.2H_2O$ - 4,0 mg

Na2EDTA - 0.75 g

H2O destilada em vidro - 1000 mL

**Estoque 8. Vitamina B1**

O cloridrato de tiamina de 0,12 g foi dissolvido em vidro em 100 ml de água destilada e esterilizado por filtração.

**Ação 9. Vitamina B12**

Dissolveu-se 0,1 g de cianocobalamina em 100 ml de água destilada em vidro. Um mL desta solução foi completado até 100 mL com água destilada em vidro e esterilizado por filtração.

**Preparação do meio**

Stock: **1** - 30,0 mL

Acções: cada **2** a **6** - 10,0 mL

Estoque: **7** - 6,0 mL

Acções: cada **8** e **9** - 1,0 ml

Juntar os stocks 1-7 como descrito acima e completar até 1 litro com água desionizada e esterilizar. A este volume foram adicionadas as reservas 8 e 9 de forma asséptica.

O meio foi preparado suspendendo o acima referido com a ajuda de uma seringa descartável em 1000 ml de água destilada e esterilizando-o com a ajuda de um autoclave a 15 psi (121°C) durante 15 minutos.

**Inoculação da amostra de algas**

Foram inoculados 60 ml da cultura isolada no meio esterilizado acima referido, em condições assépticas, e mantidos à luz.

**Agentes oxidantes**

Foram utilizados oxidantes como o cianeto férrico de potássio 0,1 M ou o di-cromato de potássio 0,1 M ou o permanganato de potássio 0,1 M no compartimento catódico da célula de combustível, onde aceitam os electrões e são reduzidos.

O permanganato de potássio 0,1 M foi preparado adicionando 15,9 g em 1000 ml de água destilada.

**IMOBILIZAÇÃO DOS ORGANISMOS ISOLADOS**

A fim de aumentar a sobrevivência e a longevidade, os organismos foram imobilizados em esferas de alginato de sódio.

**Preparação de reagentes**

Preparou-se uma solução de alginato de sódio a 3% dissolvendo 30 gramas de alginato de sódio em 1000 ml de água destilada e mantendo-a em banho-maria até se dissolver completamente.

A solução de cloreto de cálcio 0,2 M foi preparada dissolvendo 110,99 gramas de cloreto de cálcio em 1000 ml de água destilada.

**Procedimento**

Cinco mililitros de cultura líquida foram misturados com 100 ml de solução de alginato de sódio a 3%. Esta solução de polímero foi largada de uma altura de aproximadamente 20 cm para uma quantidade excessiva de solução de CaCl2 0,2 M agitada com uma seringa e uma agulha à temperatura ambiente. As esferas formadas foram depois recolhidas, secas com papel de filtro e armazenadas a *30°C* para utilização posterior.

**FASE DE CRESCIMENTO**

**Princípio**

Quando o organismo isolado é inoculado no meio Agar Nutriente, apresenta uma curva de crescimento caraterística. A curva de crescimento normal de uma cultura bacteriana consiste em quatro fases: **fase lag, fase log, fase estacionária** e **fase de morte**.

Durante a fase lag não há aumento do número de células. As células estão a ser preparadas para a reprodução, sintetizando ADN e enzimas induzíveis viáveis necessárias para a divisão celular.

Durante a fase logarítmica, as células multiplicam-se a uma taxa experimental. Assim, a reprodução está a ocorrer a uma taxa máxima para o local específico das condições de crescimento.

Durante a fase estacionária, não há aumento líquido no número de células. A taxa de crescimento é igual à taxa de mortalidade. Durante esta fase são produzidos produtos metabólicos secundários

A fase de morte significa o declínio do número de células viáveis.

**Procedimento**

**1.** Foram preparados 100 ml de meio Nutrient Agar e os organismos isolados foram inoculados no meio.

**2.** Esta cultura foi mantida num agitador durante a noite.

**3.** Em seguida, 1% (1 ml) da cultura nocturna foi colhida e inoculada em 100 ml de meio de ARN no frasco de braço lateral.

**4.** As amostras foram retiradas (0,1 ml) a cada intervalo de uma hora e a densidade ótica (DO) foi medida utilizando um calorímetro.

**5.** A curva de crescimento contendo quatro fases foi traçada com o tempo no eixo X e a DO no eixo Y.

**6.** A produção de eletricidade foi medida na fase estacionária.

## TIPOS DE ELÉCTRODOS

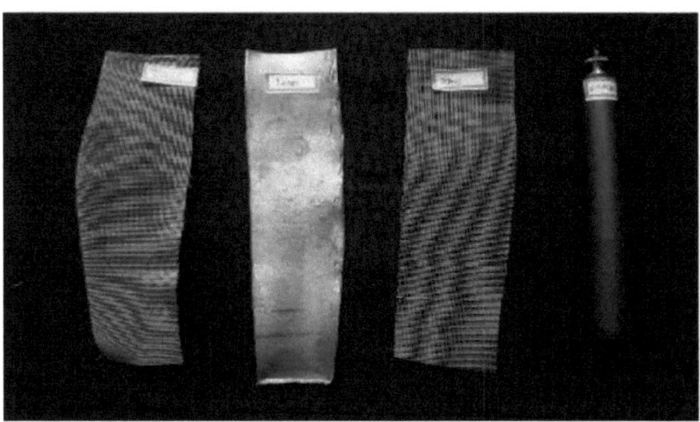

**Fig. 5. Tipos de eléctrodos**

| S.NO | TIPO DE ELÉCTRODO | TAMANHO | UTILIZADO PARA |
|---|---|---|---|
| 1 | Folha de grafite | 0,5 mm (espessura) x 5 cm (comprimento) x 1cm (respiração) | Resíduos de esgotos, água de lago. |
| 2 | Vareta de carbono | 14,5 cm (comprimento)x 1,6 cm (diâmetro) | Resíduos de esgotos, água do mar, resíduos de amido, resíduos de peixe, urina de vaca |
| 3 | Malha de zinco galvanizado | 0,5 mm (espessura) x 5 cm (comprimento) x 1cm (respiração) | Resíduos de esgotos, água do mar, água de lago. |
| 4 | Malha de aço | 0,5 mm (espessura) x 5 cm | Resíduos de esgotos, água do mar |

| | | (comprimento) x 1cm<br>(Respirar) | |
|---|---|---|---|

**Preparação do elétrodo**

O elétrodo nos compartimentos anódico e catódico era constituído por folhas de grafite, varetas de carbono e varetas de grafite em algumas experiências. A produção de corrente é proporcional à área de superfície do elétrodo; utilizámos folhas de grafite onduladas e também experimentámos chumbo de lápis, folhas de chumbo, varetas de carbono, malha de aço inoxidável e malha de zinco.

As folhas de grafite foram utilizadas devido à sua inércia química, resistência a altas temperaturas, elevada relação área de superfície/volume, baixa resistência e condutividade eléctrica. As folhas de grafite foram embebidas em etanol a 100% durante 30 minutos e em 1 ml de HCL durante 1 hora. Para remover todos os metais possíveis para contaminações inorgânicas e para as neutralizar. Os eléctrodos foram ligados a fios de cobre através da inserção direta dos fios nas folhas de grafite.

**PREPARAÇÃO DA PONTE SALINA**

Foi formada uma ponte salina utilizando um tubo de plástico, tal como descrito por **Geiser *et.al* (2002).** A solução de enchimento para a ponte salina foi preparada a partir de 2g/100 ml de ágar e KCl 1M. As soluções de enchimento foram autoclavadas a 121 °C e 1atm antes de encher o tubo de plástico. As soluções de enchimento foram aspiradas para dentro do tubo de plástico. É utilizada para o transporte seletivo de protões através da ponte.

**INSTALAÇÃO DE UMA CÉLULA DE COMBUSTÍVEL MICROBIANA**

A construção do MFC é efectuada utilizando duas garrafas de plástico de 200 ml de capacidade. Foram feitos furos no topo da garrafa para a inserção dos eléctrodos. Os eléctrodos utilizados são grafite, chumbo de lápis, folhas de chumbo, vareta de carbono, malha de aço inoxidável e malha de zinco. Os eléctrodos são feitos de grafite ou carbono e são suspensos com fio de cobre. Estes eléctrodos são relativamente baratos.

Os eléctrodos são primeiro mergulhados em etanol a 100% durante 30 minutos e em HCl 1M durante 1 hora para remover a contaminação orgânica e neutralizá-los. Antes de serem utilizados, são armazenados em água destilada. Foi utilizada uma ponte salina para ligar as duas garrafas. A ponte salina funciona como uma membrana que transporta protões seletivamente através da ponte.

**Ânodo**

Os frascos foram alimentados com as culturas que foram mantidas no meio de crescimento do caldo Luria bertani e também no caldo Nutriente.

Utilizámos diferentes tipos de células. Recolhemos lamas de diferentes locais.

As amostras utilizadas nas células de combustível microbianas são

1. Lamas anaeróbias
2. Água da lagoa

**Cátodo**

A câmara catódica foi alimentada com um agente oxidante, como o permanganato de potássio.

**Protocolo**

- Em primeiro lugar, a ponte salina foi preparada com a ajuda de KCl e ágar num tubo de nivelamento.
- As garrafas foram fixadas com os eléctrodos e inseridas na ponte salina.
- Limpar a câmara com álcool e mantê-la sob luz UV durante 30 minutos para esterilizar o aparelho.
- As culturas foram introduzidas na câmara do ânodo e fechadas hermeticamente.
- A câmara catódica foi alimentada com o agente oxidante preparado acima, permanganatos de potássio .
- Foi adicionada cisteína à cultura mantida na câmara anódica para manter a condição anaeróbia.

**FUNCIONAMENTO DE CÉLULAS DE COMBUSTÍVEL MICROBIANAS UTILIZANDO ORGANISMOS IMOBILIZADOS**

A célula de combustível microbiana utilizando esferas imobilizadas foi utilizada seguindo o protocolo

- Preparou a ponte salina utilizando KCl num tubo de plástico flexível.
- Montagem das garrafas com ponte salina e eléctrodos.
- O conjunto de montagem foi limpo com álcool e mantido sob luz UV durante meia hora para esterilizar o aparelho. A célula de combustível microbiana foi esterilizada após a montagem completa.
- As amostras foram colocadas cuidadosamente no compartimento anódico e adicionadas 10 gramas de célula imobilizada e, em seguida, fechadas hermeticamente, as disposições foram seladas hermeticamente, as disposições foram seladas hermeticamente utilizando materiais de selagem.
- No compartimento catódico, o permanganato de potássio foi vertido e fechado hermeticamente. Estes passos devem ser efectuados numa câmara de fluxo de ar laminar.

## ANÁLISE FÍSICO-QUÍMICA DO EFLUENTE

Os parâmetros físico-químicos, nomeadamente pH, CBO e CQO, foram analisados pelos seguintes métodos.

## MEDIÇÃO DO pH

O pH foi determinado colocando cerca de 50 ml de efluente num copo de 100 ml limpo e imergindo o elétrodo de calomelano do medidor de pH e anotando o pH indicado no mostrador.

## MEDIÇÃO DA CARÊNCIA BIOQUÍMICA DE OXIGÉNIO

A CBO é geralmente medida incubando a amostra a 20 °C durante cinco dias, no escuro, em condições aeróbias.

### Preparação de reagentes

O hidróxido de sódio 1N foi preparado dissolvendo 4 gramas de NaOH em 100 ml de água destilada.

A solução tampão de fosfato foi preparada dissolvendo 8,5 gramas de di-hidrogenofosfato de potássio, 21,75 gramas de hidrogenofosfato dipotássico, 32,4 gramas de hidrogenofosfato dissódico hepta-hidratado e 1,7 gramas de cloreto de amónio em 1000 ml de água destilada e o pH foi ajustado para 7,2

A solução de sulfato de magnésio foi preparada dissolvendo 25 gramas de sulfato de magnésio em 1000 ml de água destilada.

A solução de cloreto férrico foi preparada dissolvendo 0,125 gramas de cloreto férrico em 1000 ml de água destilada.

A solução de cloreto de cálcio foi preparada com 27,5 gramas de cloreto de cálcio anidro em 1000 ml de água destilada.

### Procedimento

Cinquenta mililitros de água residual foram medidos diretamente em garrafas limpas esterilizadas de capacidade conhecida e as garrafas foram enchidas com água diluída suficiente para permitir a inserção da rolha sem deixar bolhas de ar. Outra garrafa com água diluída foi mantida como branco. Em seguida, o branco e a amostra diluída foram incubados durante 5 dias no escuro a 20 °C e, após cinco dias, os frascos foram retirados da incubadora. Em seguida

Adicionaram-se cuidadosamente 2 ml de solução de sulfato de manganês, seguidos de 2 ml de reagente alcalino de iodo-azida e misturaram-se os conteúdos invertendo os frascos durante 15 minutos. Após

2 minutos após a formação do precipitado, foram adicionados 2 ml de ácido sulfúrico concentrado e

misturados suavemente. Em seguida, o conteúdo foi titulado com o indicador de amido adicionado e o ponto final foi o aparecimento de cor azul.

**Cálculo**

O CBO (mg/l) do efluente da fábrica de curtumes foi determinado pela aplicação da fórmula.

$$\text{BOD of sample (mg/l)} = \frac{300 \times (B-S)}{A}$$

B = ml de Thio consumidos para a amostra

S = ml de tio consumidos pelo branco.

A = Volume da amostra (ml)

**DETERMINAÇÃO DA CARÊNCIA QUÍMICA DE OXIGÉNIO**

A quantidade de matéria orgânica nos efluentes de curtumes foi estimada pela sua oxidabilidade por um oxidante químico, como o permanganato de potássio ou o dicromato de potássio.

**Preparação de reagentes**

A solução de dicromato de potássio 0,1N foi preparada dissolvendo 3,6 gramas de $K_2Cr_2O_7$ em 1000 ml de água destilada.

A solução de tiossulfato de sódio 0,1M foi preparada adicionando 15,811 gramas de tiossulfato de sódio em 2000 ml de água destilada.

A solução de ácido sulfúrico foi obtida misturando 10,8 ml de $H_2SO_4$ concentrado em 100 ml de água destilada. Foram preparadas uma solução de iodeto de potássio a 10% e uma solução de amido a 1%.

**Procedimento**

Cerca de 50 ml do efluente foram colocados em três frascos Erlenmeyer de 100 ml limpos.

Outros três frascos Erlenmeyer de 100 ml com água destilada foram utilizados como padrões em branco. Adicionaram-se 5 ml de solução de $K_2Cr_2O_7$ a todos os frascos e estes foram mantidos no banho-maria a 100C durante uma hora. Deixou-se arrefecer as amostras durante 10 minutos e adicionou-se às amostras arrefecidas 5 ml de iodeto de potássio e 10 ml de $H_2SO_4$. O conteúdo de cada frasco foi titulado com solução de tiossulfato de sódio 0,1M até ao aparecimento de uma cor amarela pálida. Em seguida, adicionou-se 1 ml de solução de amido e o conteúdo dos frascos tornou-se azul. Finalmente, o conteúdo foi titulado com solução de tiossulfato de sódio 0,1M até ao desaparecimento completo da cor azul.

**Cálculo**

A CQO (mg/l) do efluente da fábrica de curtumes foi determinada através da aplicação da fórmula.

$$\text{COD of sample (mg/lit)} = \frac{8 \times C \times (B-A)}{S}$$

C = Concentração do titulante (m mol/l)

A = Volume do titulante utilizado no ensaio em branco (ml)

B = Volume do titulante utilizado para a amostra (ml)

S = Volume da amostra de efluente colhida (ml).

**ISOLAMENTO DE ADN DE BACTÉRIAS**

**Princípio**

O isolamento do ADN extrai o ADN de uma célula numa forma pura. Primeiro, o ADN é separado dos componentes celulares, como as proteínas, o ARN e os lípidos. Isto é feito colocando as células escolhidas num tubo de ensaio com uma solução que mecânica e quimicamente abre as células. Esta solução contém enzimas, químicos e sais que decompõem as células, exceto o ADN. Contém enzimas para dissolver as proteínas, químicos para destruir todo o ARN presente e sais para retirar o ADN da solução. Em seguida, o ADN é separado da solução ao ser centrifugado, o que permite que o ADN se acumule no fundo do tubo. Após este ciclo na centrifugadora, a solução é vertida e o ADN é ressuspenso numa segunda solução que facilita o trabalho com o ADN no futuro. O resultado é uma amostra de ADN concentrada que contém milhares de cópias de cada gene.

**Reagentes**

**1. Tampão de cloreto de sódio**

NaCl -150 mM

EDTA -100 mM

Tris -10 mM (pH 7.9)

Dis.$H_2O$ -100 ml

**2. Tampão TE**

Tris - 10 mM

EDTA - 1mM

**3.** SDS 10%

4. Etanol 95%

5. Fenol: clorofórmio (1:2)

***Procedimento:***

1. Inoculou-se uma única colónia de cultura bacteriana num frasco cónico contendo 20 ml de caldo LB estéril.

2. O frasco cónico foi inoculado durante uma noite a 37°C.

3. Dois mL da cultura nocturna devem ser centrifugados numa centrífuga de arrefecimento a 10.000 rpm durante 5 minutos.

4. O sedimento obtido deve ser suspenso em 2 ml de tampão de cloreto de sódio.

5. Adicionou-se 250 µl de SDS a 10% e misturou-se bem.

6. A mistura deve ser incubada num banho de água a 60°C durante 15 minutos. Deve ser arrefecida à temperatura ambiente e a esta mistura foi adicionado fenol: clorofórmio na proporção de 1:2.

7. A centrifugação foi efectuada a 10.000 rpm durante 5 minutos a 4°C.

8. Deve ser adicionado ao sobrenadante um volume igual de etanol a 95% gelado.

9. A solução foi misturada por inversão até à precipitação do ADN.

10. O ADN pode ser recolhido com a ajuda da ponta e transferido para um novo tubo, centrifugado à velocidade máxima durante 5 minutos e o sobrenadante pode ser eliminado.

11. O sedimento de ADN deve ser lavado com etanol a 90%.

12. Este passo deve ser repetido uma vez mais. A lavagem final foi efectuada com etanol a 75% e secou-se ao ar durante 15 minutos.

13. O sedimento de ADN foi misturado com tampão TE e armazenado.

## MÉTODO MOLECULAR

Desde a década de 1980, a sequenciação do gene 16S rRNA tem sido utilizada como uma ferramenta importante para a análise filogenética e a classificação de bactérias. O gene 16S rRNA contém regiões bem conservadas em todos os organismos, que são ideais para a conceção de iniciadores, a reação em cadeia da polimerase (PCR) ou a sequenciação e o alinhamento de sequências. É possível conceber primers universais para a maioria das bactérias. Contém também regiões variáveis específicas que permitem a identificação das espécies. Por conseguinte, a análise da sequência do gene 16s rRNA está a tornar-se uma tecnologia poderosa para a identificação de isolados bacterianos. O tamanho de um gene rRNA 16s é de cerca de 1 540 pares de bases (pb) e a atual tecnologia de sequenciação pode ler mais de 500-700 pb por reação. Assim, são necessárias cerca de 6 reacções em cada direção para gerar uma sequência precisa. Para reduzir os custos e a intensidade do trabalho, foram demonstrados métodos que utilizam a análise da sequência parcial do rRNA-16s para a identificação bacteriana.

## NANOPARTÍCULAS DE EXTRACTO DE PLANTAS

### Preparação do extrato aquoso

Foram recolhidos materiais vegetais frescos de ***Acalypha indica***. O extrato aquoso da amostra foi preparado utilizando as folhas recém-colhidas (10g). Em primeiro lugar, as folhas foram limpas à superfície com água corrente da torneira e depois com água destilada, seguida de fervura em 100 ml de água destilada a 60 °C durante 5 minutos. Em seguida, o extrato é filtrado através de um pano de calibre e utilizado para outras experiências.

### Síntese de nanopartículas de prata

O produto químico AgNO3 foi adquirido à Hi Media Laboratories Pvt. Limited, Mumbai, Índia. Na síntese típica de nanopartículas de prata, 6 ml do extrato aquoso de ***Acalypha indica*** foram adicionados a 94 ml de solução 1mM ($10^{-3}$M) de nitrato de prata num balão Erlenmeyer de 250 ml. A reação foi realizada no escuro (para minimizar a foto-ativação do nitrato de prata) à temperatura ambiente. Foram mantidos controlos adequados ao longo das experiências.

### Recuperação de nanopartículas de prata

Para a caraterização das nanopartículas de prata formadas no extrato aquoso, foi preparado cerca de 1 litro de solução de nitrato de prata 1mM contendo 60 ml de extrato aquoso de folhas de *Acalypha indica* e incubado no escuro. Após a biorredução, a solução constituída por hidrossóis de nanopartículas de prata e biomoléculas do extrato aquoso de folhas de Acalypha indica foi incubada no escuro.

O extrato de *A. indica* foi sujeito a centrifugação a 10.000 rpm durante 10 minutos, lavado duas vezes e o pellet foi seco ao ar. Mais tarde, o sobrenadante foi sujeito a centrifugação a 25900rpm (75000 x g) durante 30 minutos. O sedimento foi dissolvido em 0,1 ml de água desionizada e seco ao ar. A centrifugação diferencial ajudou a eliminar as partículas maiores e as biomoléculas.

## MICROSCÓPIO ELECTRÓNICO DE VARRIMENTO

Para a análise ao microscópio eletrónico de varrimento (SEM), foram retiradas partes da grafite das câmaras anódicas, lavadas com um meio estéril e imediatamente fixadas com uma solução anaeróbica de glutaraldeído a 3% durante 3 horas. As amostras foram então submetidas a um protocolo de desidratação em série utilizando concentrações crescentes de etanol (10%, 40%, 70%, 100% - 30 minutos para cada fase) e secas completamente à temperatura ambiente. As amostras dessecadas foram então analisadas utilizando um microscópio eletrónico de varrimento (HITACHI, 5X a 300000 X) com revestimento de ouro.

# *Resultados e discussão*

## ISOLAMENTO DE ESPÉCIES BACTERIANAS DESCONHECIDAS:

A partir das águas residuais recolhidas, foram isoladas dez culturas diferentes utilizando a técnica da placa de espalhamento e a técnica da placa de estrias. Na placa de espalhamento, as diferentes culturas foram separadas visualmente a olho nu. Para as bactérias, foram utilizados os diluentes $10^{-7}$, $10^{-6}$, $10^{-5}$ para o isolamento. As placas de sementeira foram as seguintes

| DILUENTE | COR | FORMA | TAMANHO |
|---|---|---|---|
| | Branco pálido | Redondo | Médio |
| | Branco rosado | Oval | Pequeno |
| 10-7 | Amarelo pálido | Redondo | Pequeno |
| | Branco pálido | Oval | Grande |
| | Branco (limite transparente) | Redondo | Médio |
| | Branco sujo | Redondo | Grande |
| | Amarelo | Redondo | Médio |
| 10-6 | Amarelo | Redondo | Pequeno |
| | Laranja claro | Redondo | Pequeno |
| 10-5 | Branco puro | Redondo | Pequeno |

**Tabela 1. Morfologias das colónias isoladas da amostra de esgoto**

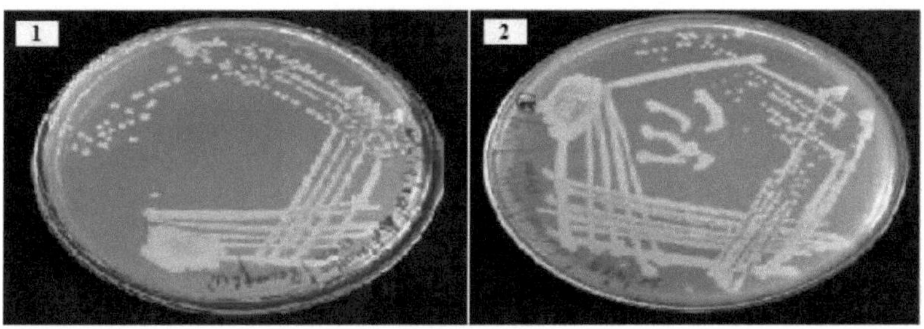

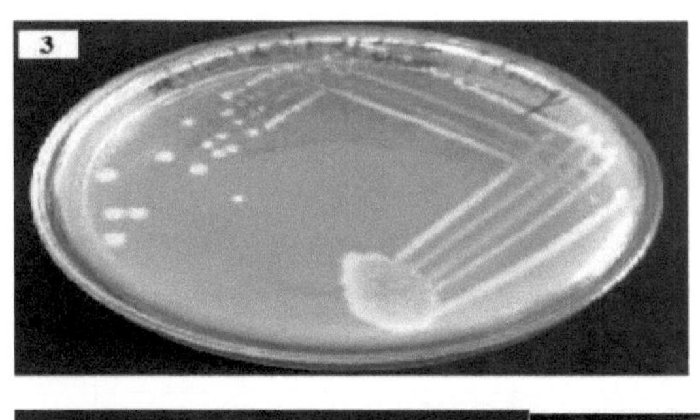
3

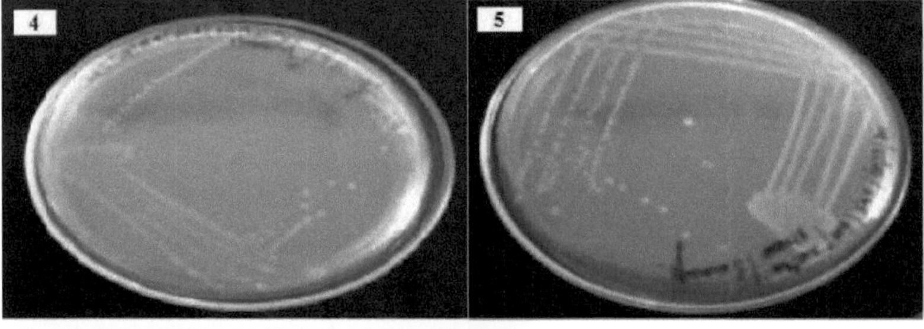
4
5

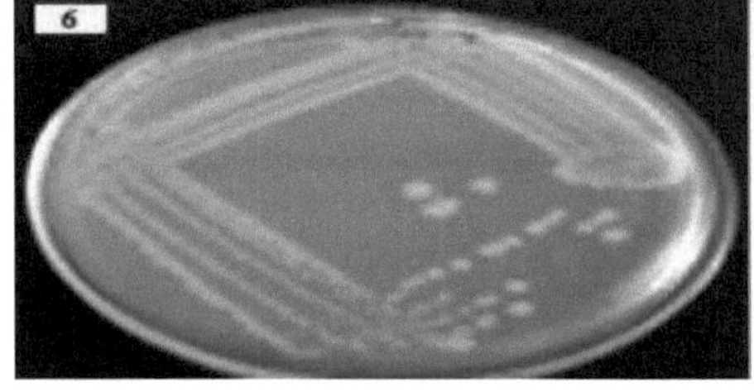
6

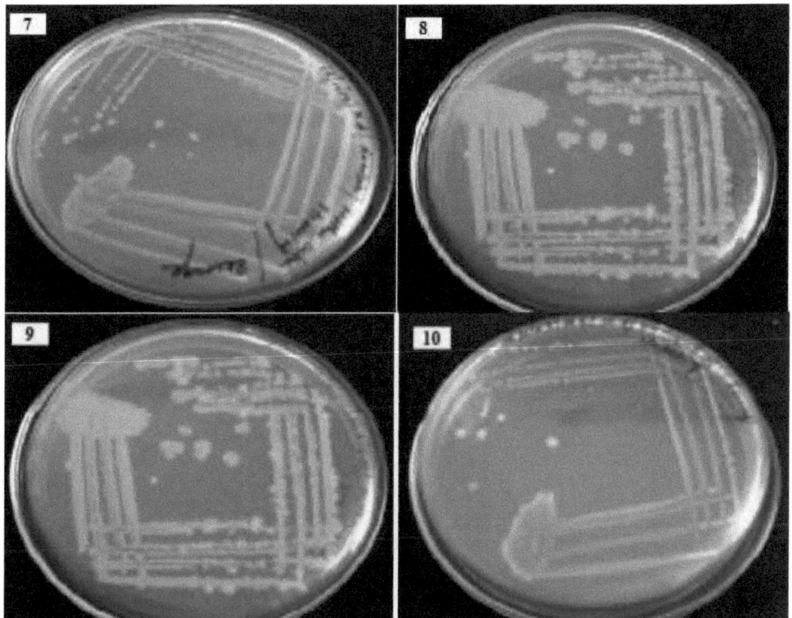

**Fig. 1-10 Foram isoladas dez colónias diferentes da amostra de esgoto**

## RESULTADOS DOS TESTES BIOQUÍMICOS

Entre os dez isolados, a estirpe n.º 6 e 7 foi identificada como o melhor organismo para a produção de eletricidade. Destas, as duas melhores estirpes (estirpe 6 e 7) foram testadas utilizando testes bioquímicos para identificar o género. Além disso, o ADN da estirpe isolada foi isolado e enviado para sequenciação.

## TESTE INDOLE

A formação de anéis de cor vermelha no caldo indica a presença de triptofano no meio de cultura, que é ativado pela enzima triptofanase e convertido em indole. Isto implica que a estirpe 6 é indol positiva.

## TESTE DE CITRATO

A cor do meio mudou de verde para azul na estirpe 6 após 24 horas de incubação a 37°C. Isto indica que a estirpe 6 é um organismo que utiliza citrato. Isto indica que a estirpe 6 é um organismo que utiliza citratos.

## TESTE DO VERMELHO DE METILO E DO PROSKAUER DE VOGES

Não se registou qualquer alteração no meio quando este foi adicionado com reagentes MR e VP. Este facto indicou que o organismo era MR e VP negativo.

### TESTE DE UREASE

A cor do meio mudou de amarelo para vermelho, o que indica que a enzima possuída pela bactéria (estirpe 6) hidrolisa a ureia e liberta amoníaco. Isto indica a presença de atividade de urease.

### ETI TESTE

Não se observou qualquer alteração de cor (ausência de ácido ou alcalino) ou formação de bolhas (ausência de gás H2S).

### RESULTADOS DO TESTE BIOQUÍMICO DA ESTIRPE 6

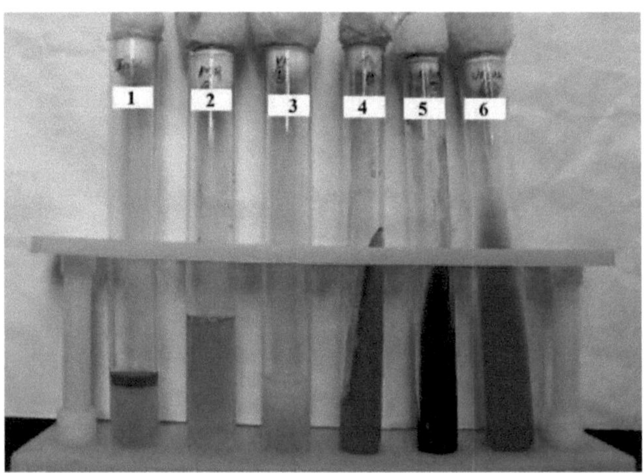


**Fig. 9. RESULTADOS DO ENSAIO PARA A DEFORMAÇÃO 6**

*1.* Formação de anéis de cor vermelha - Indole positivo

*2.* Sem alteração da cor - MR negativo

*3.* Sem alteração de cor - VP negativo

*4.* Sem alteração da cor ou formação de bolhas (H2S) - ETI negativo

*5.* Mudança de cor de verde para azul - Citrato positivo

*6.* Mudança de cor de amarelo para vermelho - Urease positivo

Com os resultados obtidos a partir do teste bioquímico, o organismo foi identificado como *Enterobacter sp.* Este foi posteriormente submetido a sequenciação.

### ESTUDOS MOLECULARES

O ADN da estirpe 6 foi isolado e enviado para sequenciação. A sequência de nucleótidos obtida foi submetida ao genbank e obteve o número de acesso HM142759.1.

**BLAST**

Os resultados do BLAST revelaram que a estirpe 6 apresentava 100% de semelhança com a *bactéria Enterobacteraceae*. A estirpe foi identificada como uma *bactéria Enterobacteraceae.*

**IDENTIFICAÇÃO DA ESTIRPE 7**

A estirpe 7 era uma cultura de cor amarela, o que mostra que era um organismo produtor de cor, o que indica que pode ser o *Staphylococcus* sp.

**Teste da catalase**

Quando algumas gotas de peróxido de hidrogénio foram adicionadas diretamente às colónias, ocorreu uma efervescência rápida seguida de borbulhamento ou formação de espuma nas lâminas. Isto mostra que a estirpe 7 pode ser *Staphylococcus.* O resultado é apresentado na Fig. 10 abaixo.

**TESTE DE CONFIRMAÇÃO PARA *ESTAFILOCOCOS***

Para a confirmação da estirpe 7, esta foi semeada em meio MSA (de cor vermelha) contendo sal de manitol. Após o período de incubação, a cor do meio mudou para amarelo devido à presença de *Staphylococcus.* O próprio organismo utiliza o meio e muda-o para a cor amarela. Isto confirmou que o organismo encontrado era *Staphylococcus* e é mostrado na Fig.11.

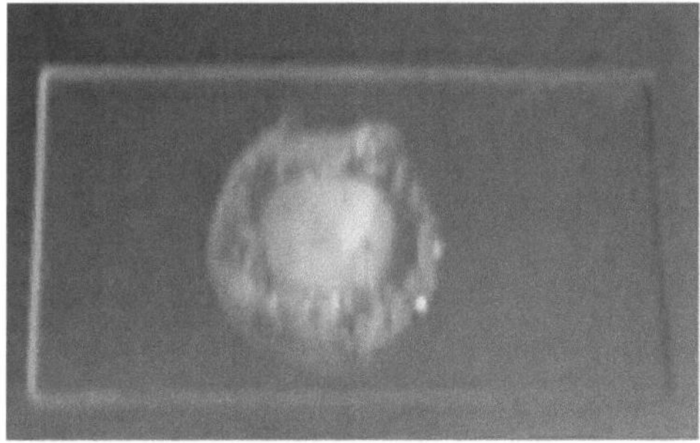

**Fig.10. ENSAIO DE CATALASE**

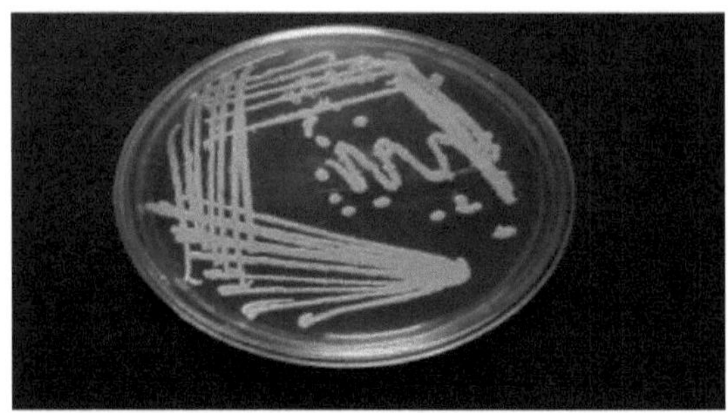

Fig. 11. *Staphylococcus* em meio MSA

**Fig. 12. Esferas imobilizadas das estirpes 6 e 7 utilizando alginato de sódio e cloreto de cálcio**

TABELA: 1 COMPARAÇÃO DA TENSÃO MAIS ELEVADA EM TODAS AS ESTIRPES

| ESTRUTURA NÃO | TENSÃO (V) |
|---|---|
| 1 | 0.77 |
| 2 | 0.69 |
| 3 | 0.80 |
| 4 | 0.76 |
| 5 | 0.83 |
| 6 | **1.06** |
| 7 | **0.93** |
| 8 | 0.81 |
| 9 | 0.88 |
| 10 | 0.77 |

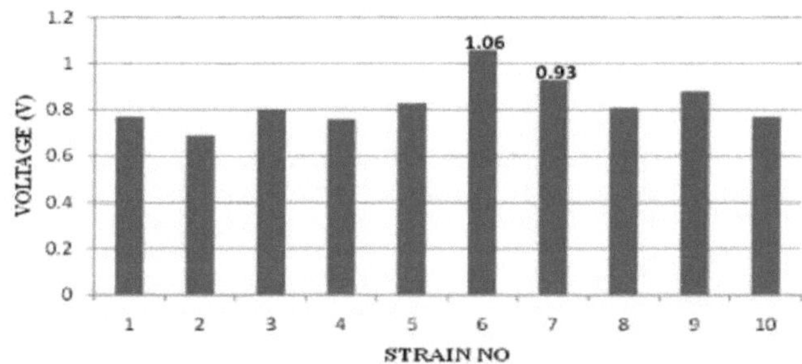


**Fig. 13. TENSÃO MAIS ELEVADA DE TODAS AS ESTIRPES**

Verificou-se que as estirpes 6 e 7 produziram a tensão mais elevada e que ambas mantiveram a tensão estável durante um longo período de tempo. Foram efectuados outros trabalhos utilizando estas duas (2) melhores estirpes - a estirpe 6 e a estirpe 7 (Fig. 13) (Quadro 1).

**QUADRO:2 IDENTIFICAÇÃO DAS MELHORES ESTRATÉGIAS IMMOBILIZADAS ENTRE 6 e 7**

| Dias | IMM-6 | IMM-7 |
|---|---|---|
| 1 | 1.00 | 0.88 |
| 2 | 0.99 | 0.88 |
| 3 | 0.99 | 0.88 |
| 4 | 0.92 | 0.89 |
| 5 | 0.91 | 0.85 |
| 6 | 0.88 | 0.83 |
| 7 | 0.86 | 0.83 |
| 8 | 0.86 | 0.83 |
| 9 | 0.86 | 0.79 |
| 10 | 0.84 | 0.74 |
| 11 | 0.84 | 0.73 |
| 12 | 0.80 | 0.73 |

Foi efectuado um estudo comparativo com estirpes imobilizadas para a produção de tensão durante um período de 12 dias. Concluiu-se que a estirpe imobilizada 6 foi considerada a melhor, uma vez que produziu a melhor tensão, que também foi estável durante mais tempo, quando comparada com outras estirpes (Quadro 2).

**Tabela. 3. E f e i t o da fase de crescimento na geração de tensão**

| Tempo (horas) | DO a 600 nm | Tensão (V) |
|---|---|---|
| *0* | *0* | *0* |

| | | |
|---|---|---|
| 2 | *0* | *0* |
| 4 | *0.029* | *0* |
| 6 | *0.166* | *0* |
| 8 | *0.253* | *0* |
| 10 | *0.564* | *0.01* |
| 12 | *0.805* | *0.02* |
| 14 | *1.126* | *0.12* |
| 16 | *1.335* | *0.14* |
| 18 | *1.435* | *0.16* |
| 20 | *1.476* | *0.18* |
| 22 | *1.523* | *0.31* |
| 24 | *1.554* | *0.51* |
| 26 | *1.558* | *0.64* |
| 28 | *1.558* | *0.64* |
| 30 | *1.558* | *0.69* |
| 32 | *1.558* | *0.74* |
| 34 | *1.558* | *0.79* |
| 36 | *1.558* | *0.80* |
| 38 | *1.543* | *0.80* |
| 40 | *1.538* | *0.86* |
| 42 | *1.526* | *0.89* |
| 44 | *1.520* | *0.90* |
| 46 | *1.512* | *1.00* |
| 48 | *1.460* | *1.06* |

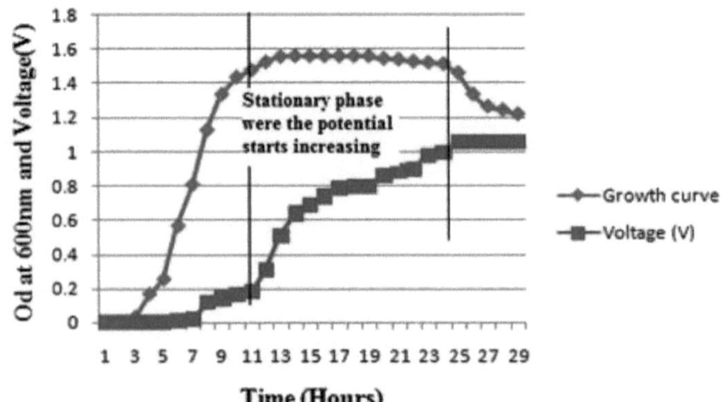

**Fig. 14. Efeito da fase de crescimento na geração de tensão**

A figura acima mostra o estudo da fase de crescimento efectuado para a estirpe 6 e o efeito da fase de crescimento na geração de tensão. Neste estudo, o valor da densidade ótica das bactérias aumentou gradualmente das 4 horas às 24 horas, o que é conhecido como fase logarítmica (multiplicação bacteriana). Depois das 24 horas, manteve-se no mesmo valor durante várias horas, o que se designa por fase estacionária. A instalação da MFC foi construída utilizando uma cultura de 24 horas, altura em que a tensão começou a aumentar. Concluiu-se que, durante a fase estacionária de crescimento das bactérias, a tensão continua a aumentar até vários dias (Fig. 14.).

**Tabela. 4. Diferenças na produção de tensão por *S. aureus* usando Caldo Nutriente e Caldo Luria.**

| Dias | NB | LB |
|---|---|---|
| 1 | 0.87 | 0.72 |
| 2 | 0.93 | 1.06 |
| 3 | 1.10 | 1.26 |
| 4 | 0.98 | 1.36 |
| 5 | 1.10 | 1.34 |
| 6 | 1.06 | 0.96 |
| 7 | 1.16 | 1.07 |

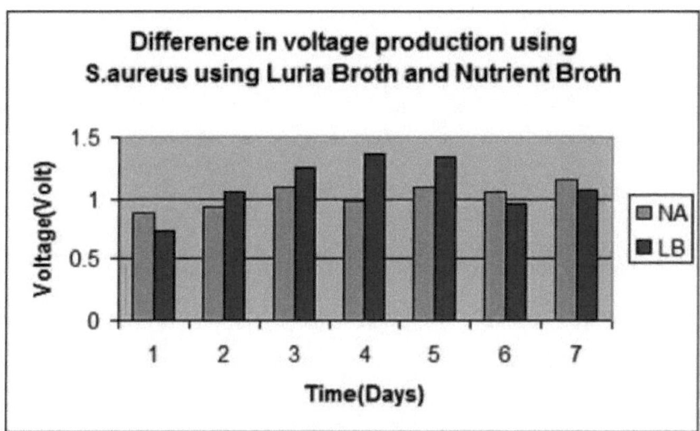


**Fig. 15. Diferenças na produção de tensão por *Staphylococcus aureus* utilizando o caldo nutriente e o caldo Luria**

As configurações de MFC foram construídas com o caldo Luria e o caldo Nutriente. O caldo Luria contém duas vezes mais cloreto de sódio do que o caldo NB. O cloreto de sódio fornece electrólitos essenciais: iões de sódio, para o transporte e o equilíbrio osmótico. Embora o LB forneça electrólitos essenciais, no LB a tensão medida diminuiu drasticamente numa semana em comparação com o NB. Na NB, a tensão manteve-se constante durante mais de duas semanas. Além disso, o NB é um caldo geralmente utilizado para culturas bacterianas (Fig. 15).

**Tabela. 5. Efeito do pH do meio na geração de tensão**

| DIAS - | VOLTAGE(V) | | |
|---|---|---|---|
| | pH 6,5 | pH 7 | pH7,5 |
| 1 | 0.72 | 1.01 | 0.72 |
| 2 | 0.77 | 1.01 | 1.06 |
| 3 | 0.85 | 1.37 | 1.26 |
| 4 | 0.73 | 1.22 | 1.36 |
| 5 | 0.69 | 1.24 | 1.34 |
| 6 | 0.7 | 0.68 | 0.96 |
| 7 | 0.77 | 1.27 | 1.07 |

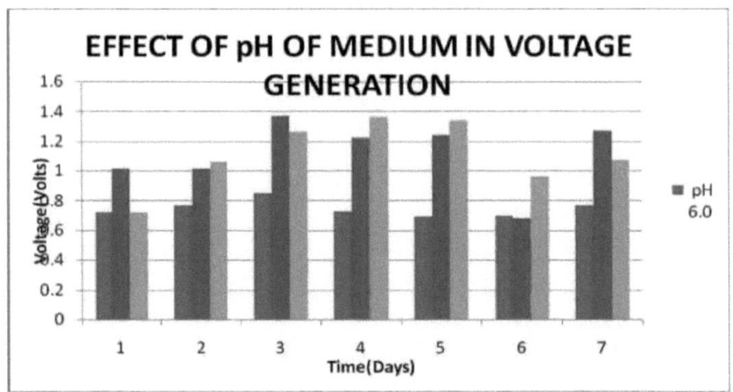


**Fig. 16. Efeito do pH no meio contra a geração de tensão**

Entre os diferentes pH testados, o pH neutro, *ou seja,* o pH 7, apresenta os melhores resultados quando comparado com os outros pH estudados (Fig. 16) (Tabela 1). A célula de combustível microbiana (MFC) que utiliza materiais de baixo custo (eléctrodos de grafite simples não revestidos) sem mediadores tóxicos (cátodo arejado e ânodo sem mediador) foi avaliada em condições acidófilas (pH anódico de 5,5) utilizando consórcios mistos anaeróbios para enumerar a influência da taxa de carga de substrato na produção de bioeletricidade a partir do tratamento anaeróbio de águas residuais à temperatura ambiente (28 ± 2°C) (Mohan *et al.,* 2007)

**Rastreio das algas presentes na água do lago**

As amostras colhidas na lagoa recolhida perto da área de Vandalur foram mantidas numa lâmina e observadas ao microscópio ótico. A lâmina mostra a presença de algas verdes azuis como *Micrococcus, Chlamydomonas, Lyngbya, Phormidium, Spirulina,* etc., (Fig. 17).

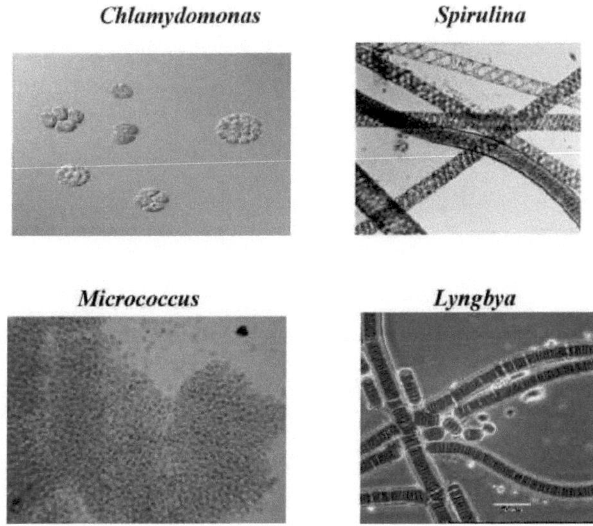


**Fig. 17. mostra as diferentes colónias de algas isoladas da água do lago**

**Resultados para amostras de algas**

Na construção do MFC, as águas residuais da lagoa foram utilizadas diretamente como combustível numa única câmara. Aqui, utilizámos como elétrodo uma folha de grafite, uma malha de zinco, uma malha de aço inoxidável e uma folha de chumbo. A ponte salina é feita de KCl com ágar. Foram efectuadas três montagens com o mesmo combustível (A, B e C). A tensão da célula produzida em cada configuração foi registada e o gráfico foi traçado. Para verificar o efeito dos eléctrodos na produção de eletricidade, os eléctrodos foram mudados e a variação na produção de corrente foi medida e as leituras foram tabuladas.

**Comparação do efeito de diferentes eléctrodos na geração de tensão na MFC de câmara única:**

**MFC 1 A**

Amostra - Água do lago

Eléctrodos - Ânodo - Chumbo

Cátodo - Malha de aço inoxidável

**MFC 1 B**

Amostra - Água do lago

Eléctrodos - Ânodo - Malha de zinco

Cátodo - Folha de grafite

**MFC 1 C**

Amostra - Água do lago

Eléctrodos - Ânodo - Folha de chumbo

Cátodo - Vareta de carbono

Comprimento do elétrodo - 7 cm

Largura do elétrodo - 1 cm

**Tabela. 6. Comparação do efeito de diferentes eléctrodos na geração de tensão na MFC de câmara única**

| **Tempo** | **Tensão (Volts)** | | |
|---|---|---|---|
| **(Dias)** | **MFC 1 A** | **MFC1 B** | **MFC1 C** |
| 1 | 0.33 | 0.46 | 0.43 |
| 2 | 0.4 | 0.43 | 0.42 |
| 3 | 0.43 | 0.42 | 0.42 |
| 4 | 0.42 | 0.42 | 0.4 |
| 5 | 0.42 | 0.42 | 0.37 |
| 6 | 0.36 | 0.4 | 0.37 |
| 7 | 0.35 | 0.4 | 0.37 |
| 8 | 0.34 | 0.37 | 0.35 |
| 9 | 0.28 | 0.36 | 0.34 |

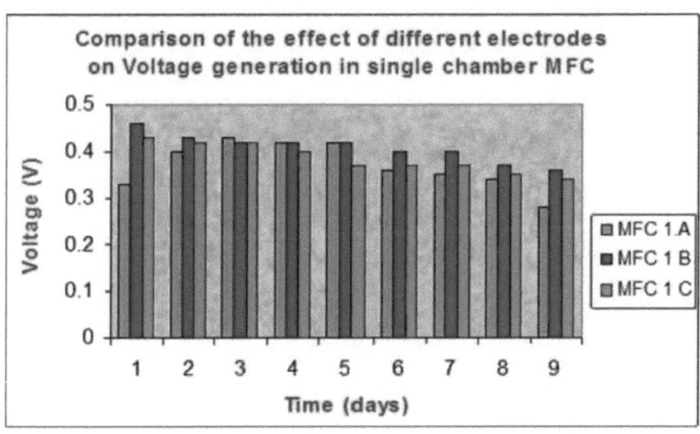


**Fig. 18. Comparação do efeito de diferentes eléctrodos na geração de tensão na MFC de câmara única**

Entre os diferentes eléctrodos testados, o zinco e a grafite apresentaram os melhores resultados na produção de eletricidade. Por conseguinte, foram estudadas várias técnicas para enriquecer as bactérias electroquimicamente activas num elétrodo, utilizando lamas de depuração anaeróbias numa MFC de duas câmaras (Fig. 18 - 19) (Quadro 6). Com um elétrodo anódico de papel de carbono poroso, foi gerada uma potência de 8 mW/m$^2$ em 50 horas, com uma eficiência Coulombiana de 40%. Quando foi utilizado um elétrodo revestido de óxido de ferro, a potência e a eficiência coulombiana atingiram 30 mW/m$^2$ e 80%, respetivamente **(Kim *et al.*, 2005)**.

**Fig. 19. MFC montado com água do tanque**

**Tabela 7. Otimização utilizando metil viologeno como mediador em água de lago**

| Tempo (dias) | 0,01mM | 0,02 mM | 0,03 mM |
|---|---|---|---|
| 1 | 0.63 | 0.45 | 0.52 |

| | | | |
|---|---|---|---|
| 2 | 0.65 | 0.58 | 0.48 |
| 3 | 0.67 | 0.59 | 0.36 |
| 4 | 0.72 | 0.63 | 0.22 |
| 5 | 0.78 | 0.62 | 0.22 |
| 6 | 0.84 | 0.64 | 0.20 |
| 7 | 0.93 | 0.52 | 0.18 |
| 8 | 0.93 | 0.51 | 0.17 |
| 9 | 0.94 | 0.45 | 0.14 |
| 10 | 0.74 | 0.22 | 0.12 |
| 11 | 0.70 | 0.10 | 0.11 |
| 12 | 0.57 | 0.10 | 0.08 |

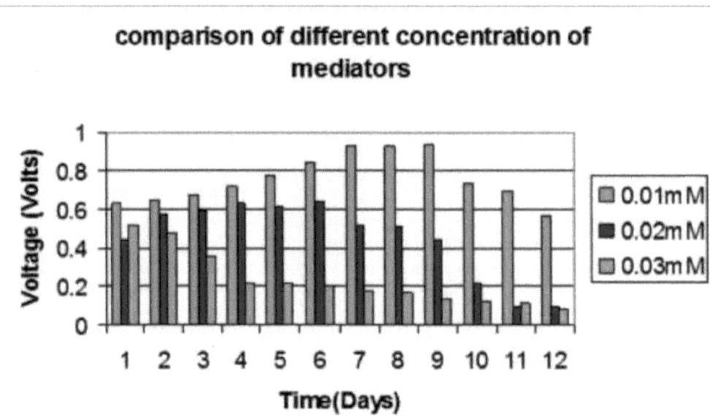


**Fig. 20. Otimização utilizando metil viologeno como mediador em água de lago**

Os resultados mostraram que a concentração mínima de metilviologen como mediador provou ser a melhor fonte para a produção máxima de eletricidade (Fig.20). Isto deve-se ao facto de, a concentrações mais elevadas, os mediadores serem tóxicos e poderem causar a morte do organismo. Os mediadores são utilizados para facilitar a transferência de electrões das células microbianas para o elétrodo. Uma vez que a maioria dos mediadores são caros e tóxicos, não foi comercializada uma célula de combustível microbiana que utilize mediadores **(Geun-Cheol Gil, 2002).**

**Tabela. 8. Geração de tensão por culturas puras de *Spirulina* e *Chlamydomonas***

| | **Tensão (Volt)** | |
|---|---|---|
| **Tempo (dias)** | ***Spirulina*** | ***Chlamydomonas*** |
| 1 | 0.57 | 0.54 |
| 2 | 0.68 | 0.59 |

| | | |
|---|---|---|
| 3 | 0.71 | 0.71 |
| 4 | 0.72 | 0.74 |
| 5 | 0.75 | 0.75 |
| 6 | 0.68 | 0.77 |
| 7 | 0.78 | 0.8 |
| 8 | 0.78 | 0.82 |
| 9 | 0.84 | 0.87 |
| 10 | 0.96 | 0.97 |
| 11 | 0.78 | 0.7 |
| 12 | 0.63 | 0.6 |

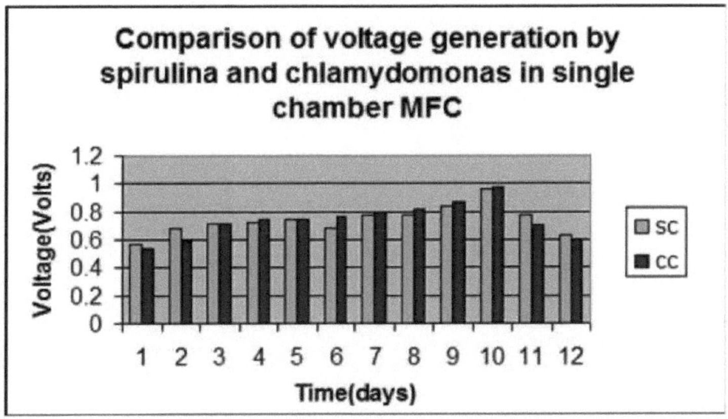


**Fig. 21. Geração de tensão por culturas puras de *Spirulina* e *Chlamydomonas***

Foi efectuada uma experiência para comparar a diferença de voltagem entre as duas microalgas testadas. *A* partir dos resultados acima referidos, concluiu-se que *a Chlamydomonas*, como cultura pura, apresentou uma tensão máxima quando comparada com a *Spirulina* na MFC de câmara única (Fig. 21) (Tabela 9).

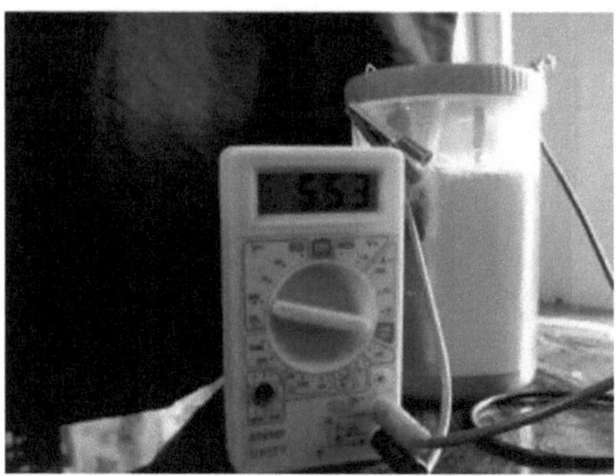

**Fig. 22. MFC montada com cultura de algas *Chlamydom onas***

Instalação de MFC utilizando a cultura de algas *Spirulina* em câmara dupla, em que a cultura com 8 dias de idade isolada da água do lago é utilizada no ânodo e o permanganato de potássio também é utilizado no cátodo. O elétrodo utilizado aqui é constituído por folhas de grafite em ambas as câmaras (Fig. 22).

**Tabela. 9. Geração de tensão pela *Spirulina***

| Dias | Volts |
|---|---|
| 1 | 0.57 |
| 2 | 0.68 |
| 3 | 0.71 |
| 4 | 0.72 |
| 5 | 0.75 |
| 6 | 0.68 |
| 7 | 0.78 |
| 8 | 0.78 |
| 9 | 0.84 |
| 10 | 0.96 |
| 11 | 0.78 |
| 12 | 0.63 |

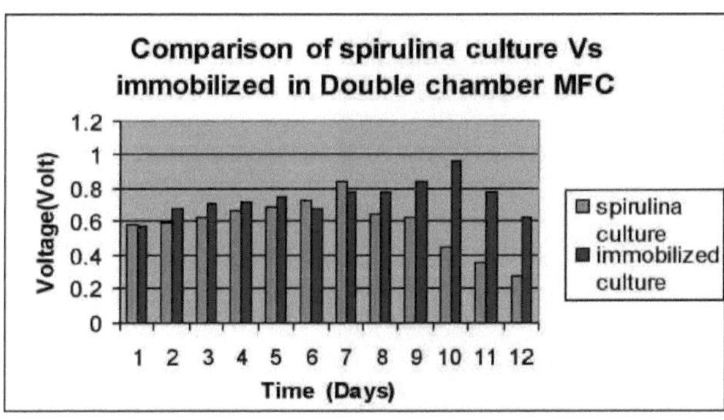


**Fig. 23. Comparação da cultura imobilizada *de Spirulina* em MFC de câmara dupla**

A tensão gerada pela utilização da *Spirulina* no ânodo e do permanganato de potássio no cátodo. A tensão máxima de 0,96 V foi obtida no [10°] dia. Do mesmo modo, a produção de bioeletricidade a partir de um fitoplâncton, *Chlorella vulgaris*, e de uma macrófita, *Ulva lactuca*, foi examinada em células de combustível microbianas (MFC) de câmara única. As MFC foram alimentadas com

com as duas algas (como pós), obtendo diferenças na recuperação de energia, eficiência de degradação e densidades de potência. *A C. vulgaris* produziu mais energia por massa de substrato (2,5 kWh/kg), mas *a U. lactuca* foi degradada mais completamente num ciclo descontínuo (73_1% de CQO). As densidades máximas de energia obtidas utilizando os métodos de ciclo único ou de ciclo múltiplo foram de 0,98 W/m$^2$ (277 W/m$^3$) utilizando *C. vulgaris*, e 0,76 W/m$^2$ (215 3

W/m ) utilizando *U. lactuca* (Elasquez. *et al,* 2009).

**Geração de tensão obtida com a instalação de MFC revestida com nanopartículas**

**Tabela. 10. Geração de tensão dos eléctrodos não tratados e tratados com nanopartículas.**

| Tempo (Dias | Tensão (Volt) ) Elétrodo não tratado | Eléctrodos tratados com nanopartículas |
|---|---|---|
| 1 | 0.8 | 1.17 |
| 2 | 0.84 | 1.40 |
| 3 | 0.92 | 1.43 |
| 4 | 0.94 | 1.45 |
| 5 | 1.21 | 1.57 |
| 6 | 0.99 | 1.50 |

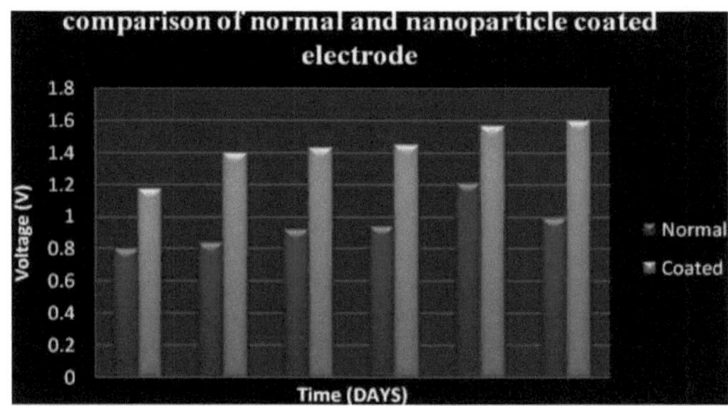


**Fig. 24. Comparação entre elétrodo normal e elétrodo revestido com nanopartículas**

Para aumentar a eficiência do elétrodo, foram utilizadas nanopartículas de prata obtidas a partir de *Acalypha Indica* sintetizadas em condições laboratoriais. mostra que a comparação eléctrodos não tratados e tratados com nanopartículas, em que o elétrodo tratado apresenta uma maior geração de tensão de 1,57 V quando comparado com o elétrodo não tratado (1,0 V) (Fig. 24-25) (Tabela 10).

**Fig. 25. Geração de tensão utilizando elétrodo revestido com nanopartículas de prata**

**FORMAÇÃO DE BIOFILME NO ELÉCTRODO ANÓDICO**

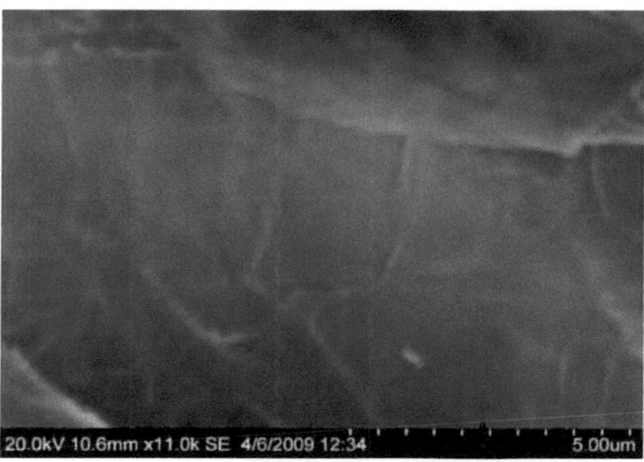


**Fig. 26. Análise SEM do elétrodo não tratado**

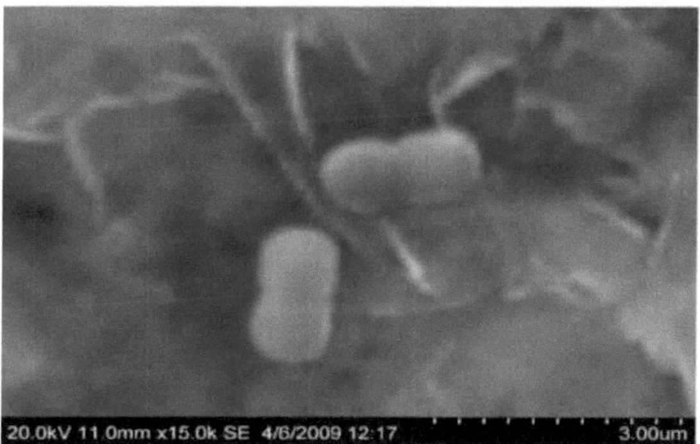


**Fig. 27. A análise SEM mostra a formação de biofilme no elétrodo**

A imagem SEM do elétrodo do cátodo, que não foi tratado, mostra o elétrodo do ânodo que tem o biofilme formado pelo organismo (Fig. 26-27).

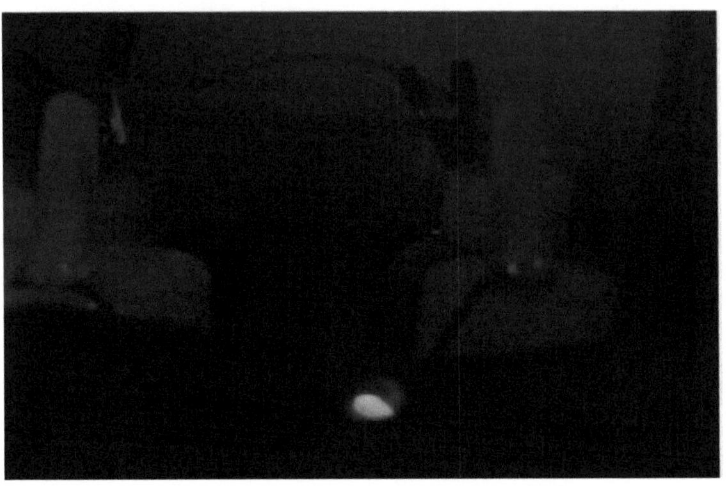

**Fig. 28. Estirpes imobilizadas ligadas em série alimentadas por uma lâmpada LED**

A aplicação da bioeletricidade gerada pela MFC foi utilizada como fonte para acender uma lâmpada. Quando o MFC é ligado em série, consegue acender uma lâmpada LED durante alguns segundos. (Fig. 28), que é a primeira experiência do género a ser relatada.

# *Resumo*


A partir das águas residuais recolhidas na estação de tratamento de águas residuais de Koyambedu, foram isoladas dez culturas diferentes utilizando a técnica da placa de espalhamento e da placa de estrias.

A comparação da tensão mais elevada foi efectuada para todos os 10 isolados. Entre as estirpes n.º 6 e 7 foi identificado o melhor organismo para a produção de eletricidade.

A imobilização das culturas bacterianas acima referidas também foi efectuada, tendo a estirpe 6 apresentado uma tensão máxima de 1,06 V do que a estirpe 7 (0,93 V).

O microrganismo (estirpe 6 e 7) foi submetido a alguns testes bioquímicos para identificar o nome do género e os resultados foram obtidos.

A estirpe 7 foi identificada como Staphylococcus aureus e, com a ajuda da sequenciação do rRNA 16 s, a estirpe 6 foi identificada como uma bactéria Enterobacteriaceae.

No estudo da fase de crescimento da estirpe bacteriana 6 acima referida com a tensão máxima, o valor da densidade ótica das bactérias aumentou gradualmente das 4 horas às 24 horas, o que é conhecido como fase logarítmica (multiplicação bacteriana).

Após 24 horas, permaneceu no mesmo valor durante várias horas, o que é conhecido como fase estacionária. A configuração da MFC foi construída utilizando uma cultura de 24 horas, altura em que a tensão começou a aumentar. Concluiu-se que, durante a fase estacionária de crescimento das bactérias, a tensão continua a aumentar até vários dias.

O rastreio da amostra de água do lago mostrou a presença de muitas algas verdes azuis como *Chamydomonas*, *Lyngbya*, *Micrococcus*, *Spirulina* e *Phormidium* ao microscópio de luz.

Entre elas, *Chlamydomonas* e *Spirulina* foram utilizadas para o estudo da geração de tensão.

Com a amostra bruta da água da lagoa, foi feita a otimização do elétrodo para algas utilizando malha de zinco, vareta de carbono, folhas de grafite e malha de aço inoxidável numa configuração de MFC de câmara única. Neste estudo, o zinco e a grafite apresentaram uma tensão máxima de 0,46 V.

Comparação de diferentes concentrações de mediador metil viologen foram feitas onde a baixa concentração de 0,01mM mostrou tensão máxima em água de lago algal MFC configurar.

No estudo comparativo da geração de tensão de culturas puras de *Spirulina* e *Chlamydomonas*, foi obtida uma geração de tensão máxima de 0,97 V na MFC de *Chlamydomonas*, utilizando uma câmara única.

As nanopartículas foram sintetizadas utilizando *Acalypha indica* que foi utilizada para revestir o elétrodo e a sua eficiência foi estudada onde se obteve um máximo de 1,60 V.

## *Agradecimentos*

P. T. Kalaichelvan, Centro de Estudos Avançados em Botânica, Universidade de Madras, Chennai -600 025, pela sua orientação inspiradora, encorajamento constante, abordagem construtiva e ajuda constante ao longo desta investigação.

Agradeço sinceramente ao Prof. R. Rengasamy, Diretor, CAS em Botânica, Universidade de Madras, por ter disponibilizado as instalações laboratoriais, o seu incentivo e apoio.

Aproveito esta oportunidade para agradecer a Miss K. Ghanapriya, pela sua co-orientação nesta investigação, e a todos os outros colegas de laboratório pela sua ajuda.

Estou grato aos meus amigos, cuja ajuda atempada merece uma menção especial. Estou grato ao Sr. Venkateshan, pela sua amável ajuda.

Expresso os meus sinceros agradecimentos à University Grant Commission (UGC), Nova Deli, Índia, pelo apoio financeiro para a realização deste projeto de investigação de verão.

Não consigo exprimir por palavras a compreensão inestimável, o encorajamento constante e o apoio que os meus familiares me deram.

Os meus sinceros agradecimentos a todos aqueles que me ajudaram durante este trabalho de projeto.

(Kavitha.G)

# *Bibliografia*


- Allen R. M., e H. P. Bennetto, (1993), "Microbial fuel cells: electricity production from carbohydrates". Appl. Biochem Biotech, 39(40), 27-40.

- Bella K., S.J. Fertig, D.R. Lovely Harnessing, (2002), "Microbially generated power on the seafloor". Nat. Biotechnol, 20(8), 821-825.

- Benneto, Pham, o Hai, Jae Kyung Jang, In Seop Chang, (2003), "Improvement of Cathode Reaction of a Mediator less Microbial Fuel Cell", Microbiol. Biotechnol, 14(2), 324-329.

- Bond D. R., D. E. Holmes, L. M. Tender, D. R, Lovley, (2002), "Electrode reducing micro organisms that harvest energy from marine sediments", Science, 295, 483-485.

- Bond D.R., e Lovely, (2003), "Electricity production by geobacter sulfurreducens attached to electrodes", Appl Environ Microbial., 69.3, 1548-1555.

- Bookimin e Brucee Logan, (2004), "continuous electricity generation from domestic wastewater and organic sustrate in a flat plate microbial fuel cell", Environ. Sci. Technol., 38, 5809-5814.

- Bruce E., Logan, Cassandro Muranob, Keith Scott, D. Neil, Gray, M. Ian Head, (2005), "Electricity generation from cysteine in a microbial fuel cell", Water Research, 39, 942-952.

- Byung Hong Kim & In Seop Chang & Geoffrey M. Gadd, (2007), "Challenges in microbial fuel cell development and operation", Appl Microbiol Biotechnol, 76, 485494.

- Byung Hong Kim, Doo Hyun Park, Pyung Kyun Shin, In Seop Chang e Hyung Joo Kim, (1999), "Mediators microbial fuel cells", science, 295, 483-485.

- Catal T., Y. Fana, K. Li, H. Bermek, H. Liu, (2008), "Effects of furan derivatives and phenolic compounds on electricity generation in microbial fuel cells", Journal of Power Sources, 180, 62-166.

- Crittenden, Sund, & Sumner, (2006), "Metal reduction using Microbial fuel cells", Biochem. Engng. J., 39, 596-603.

- Cuong anh, Pham, Sharon B. Velasquez-Orta, (2005), "Energy From Algae Using Microbial Fuel Cells", Biotechnology and Bioengineering, (103)6, 56-68.

- Dâvila D., J. P. Esquivel, N. Vigués, O. Sânchez, L. Garrido, N. Tomàs,N. Sabaté, F. J. del Campo, F. J. Munoz e J. Mas, (2008), "Development and Optimization of Microbial Fuel Cells", Journal of New Materials for Electrochemical Systems, 11, 99103.

- Energia a partir de algas utilizando células de combustível microbianas Sharon B. Velasquez-Orta, 1 Tom P. Curtis, 1 Bruce E. Logan2.

• Frank Caccavo, JR., Debra J. Lonergan, Derek R. Lovely, Mark Davis, John F. Stolz, e Michae, Mcinerney, (1994), "Geobacter Sulfurreducens Sp. Nov., a Hyhrogen- and Acetate- Oxidizing Dissimilatory Metal -Reducing Microorganism", Applied and environmental microbiology, 60(10), 3752-3759.

• Geun-Cheol Gil, In-Seop Chang, Byung Hong Kim, Mia Kim, Jae-Kyung Jang, Hyung Soo Park, Hyung Joo Kim, (2003), "Operational parameters affecting the performance of a mediator-less microbial fuel cell", Biosensors and Bioelectronics, 18, 327_ 334.

• Ghangerkar & Shinde, (2007), "Strain improvement and mediator selection for microbial fuel cell by genome scale in silico model", 17, 342-347.

• Gil, G.C., I.S. Chang, B.H. Kim, M. Kim, J.K. Jang, H.S. Park, (2003), "Operational parameters affecting the performance of a mediator-less microbial fuel cell", Biosensors and Bioelectronics, 18, 327-334.

• Gil, Gemma Reguera, D. Kevin, Mc Carthy, Teena Mehta, S. Julie, Nicoll, T. Mark, Tuominen & Derek R. Lovley, (2003), "Extra cellular electron transfer via microbial nanowires", 435, 89-93.

• Hongliu, e Brucee. Logan, (2004), "Electricity Generation Using an Air-Cathode Single Chamber Microbial Fuel Cell in the Presence and Absence of a Proton Exchange Membrane", Environ. Sci. Technol., 38, 4040-4046.

• Ioannis Ieropoulos, Chris Melhuish, John Greenman, Ian Horsfield e John Hart, (2003), "Energy autonomy in robots through Microbial Fuel Cells", IAS Lab England, 191-194.

• Ioannis Ieropoulos, John Greenman e Chris Melhuish, (2008), "Microbial fuel cells based on carbon veil electrodes: Stack configuration and scalability", International Journal ofEnergyResearch, 10.102/er.1419, 11-19.

• Jae Kyung Jang, The Hai Pham, In Seop Chang, Kui Hyun Kang, Hyunsoo Moon, Kyung Suk Cho, Byung Hong Kim, (2004), "Operation of a novel mediator- and membrane-less microbial fuel cell", Process Biochemistry, 39, 1007-1012.

• Jae Kyung Jang, The Hai Phama, In Seop Changa, Kui Hyun Kanga, Hyunsoo Moona, Kyung Suk Chob, Byung Hong Kima, (2004), "Construction and operation ofa novel mediator- and membrane-less microbial fuel cell", Process Biochemistry, 39, 10071012.

• John D. Coates, J. P. Elizabeth, Phillips, Debra J. Lonergan, Harry Jenter, e Derek R. Lovley, (1996), "Isolation of Geobacter species from diverse sedimentary environments", Applied and environmental microbiology, 62(5), 1531-1536.

• Jung Rae Kim. Booki Min. Bruce E. Logan, (2005), "Evaluation of procedures to acclimate a microbial fuel cell for electricity production", Appl Microbial Biotechnol, 68, 23-30.

- Junqiu Jiang, Qingliang Zhao, Jinna Zhang, Guodong Zhang, Duu-Jong Lee, (2009), "Electricity generation from bio-treatment of sewage sludge with microbial fuel cell", Bioresource Technology, 100, 5808-5812.
- Katz, G. e P. Kramer, (2001), "Implantable power sources", J. Chem. Tech. Biotechnol, 44, 205-217.
- Kaufmann F. e R. Lovely, (2001), "Isolation and characterization of a soluble NADPH-independent Fe (III)-reductase from geobacteria sulphur reducens", J. Bacterial, 185:15, 4468-4476.
- Kim, (2004), "Construction of Microbial Fuel Cells Using Thermophilic Microorganisms, Bacillus licheniformis and Bacillus thermoglucosidasius", Bull. Korean Chem. Soc., 25(6), 813-818.
- Kristina Y. Nelsona, Behrooz Razbana, Dena W. McMartina, D. Roy Cullimoreb, Takaya Onoc e Patrick D. Kiely, (2009), " A rapid methodology using fatty acid methyl esters to profile bacterial community", Bioelectrochemistry, 175, 1567-5394.
- Liu. H., R. Ramnarayanan e B. E. Logan, (2004), "Production of electricity during wastewater treatment using a single chamber microbial fuel cell", Environ. Sci. Technol., 38, 2281-2285.
- Logan B.E., (2006), "Microbial Fuel Cells: Methodology and Technology", Environ. Sci.Technol, 40, 5181-5190.
- Magnuson T.S., A.L. Hodges Myerson, D.R. Lovely, (2000), "Characterization of the membrane-bounded NADH-dependent Fe (III) reductase from the dissmilatory Fe (III) - reducing bacterium geobacteria sulphur reducens", FEMS Microbial, 185, 205-211.
- Mirella Di Lorenzo, Keith Scott, Tom P. Curtis, Ian M. Head, (2009), "Effect of increasing anode surface area on the performance of a single chamber microbial fuel cell", Chemical Engineering Journal, 674, 1385-8947s.
- Olivier Schaetzle, Frederic Barriere e Uwe Schroderb, (2009), "An improved microbial fuel cell with laccase as the oxygen reduction catalyst", Energy Environ. Sci., 2, 96-99.
- Park D.H., J.G Zeikus, (2000), "Electricity generation in microbial fuel cells using neutral red as an electronophore", Appl. Environ. Microbiol, 66, 1292-1297.
- Park P. e K. Zeikus, (2000), "Microbial fuel cells for waste water treatment", Water Science and Technology. 54, 9-15.
- Park, Byung Hong Kim & In Seop Chang & Geoffrey M. Gadd, (2002), "Challenges in microbial fuel cell development and operation", Appl Microbiol Biotechnol, 76, 485-494.

• Peter Aelterman , Korneel Rabaey , Hai The Pham , Nico Boon , e Willy Verstraete, (2006), "Continuous Electricity Generation at High Voltages and Currents Using Stacked Microbial Fuel Cells", Environmental Science & Technology, 40(10), 33883393.

• Pham, o Hai, Jae Kyung Jang, In Seop Chang, e Byung Hong Kim, (2004), "Improvement of Cathode Reaction of a Mediator less Microbial Fuel Cell", J. Microbiol. Biotechnol. 14(2), 324-329.

• Rabaey, K & W. Verstraete, (2004), "Microbial fuel cells: novel biotechnology for energy generations", Trends Biotechnol, 23, 291-298.

• Rajasekaran Dr. P., (2008), "Enterobacteriaceae group of Organisms in Sewage-Fed Fishes", Advanced Biotech, 12-14.

• Robin M. Allen e H. Peter Benneto, (1993), "Electricity production from carbohydrates", Applied biochemistry and biotechnology, 39, 27-35.

• Sharon B. Velasquez-Orta, Tom P. Curtis, Bruce E. Logan, (2009), "Energy From Algae Using Microbial Fuel Cells", Biotechnol. Bioeng, 103, 1068-1076.

• Sharon B. Velasquez-Orta, Tom P. Curtis, Bruce E. Logan, (2009), "Energy From Algae Using Microbial Fuel Cells", Biotechnology and Bioengineering, 103, 10681076.

• Shi J. You, Qing L. Zhao, Jun Q. Jiang, Jin N. Zhang e Shi Q. Zhao, (2006), "Sustainable Approach for Leachate Treatment: Electricity Generation in Microbial Fuel Cell", Journal OfEnvironmental Science and Health, 41(12), 2721 - 2734.

• Shukla, H., E. Roschi, I. W. Marison, e U. Vonstockar, (1999), "Transport and energy generation", Biosensors and Bioelectronics, 18,: 2053-2062.

• Sullen, Maddalena V. Coppi, Ching Leang, Steven J. Sandler, Derek R. Lovley, (2006), "Development of a Genetic System for Geobacter sulfurreducens", Applied and environmental microbiology, (67)7, 3180-3187.

• Sund, S., G. Sarma, G. Purushotam Reddy, (2007), "physiologic studies with the sulfate- reducing bacterium Desulforomonas: evaluation for use in a biofuel cell", Enzyme Microb. Technol., 18.5, 358-365.

• Sund, Youngjin Choi, Eunkyoung Jung, Hyunjoo Park, Seung, (2007), "Construction of Microbial Fuel Cells Using Thermophilic Microorganisms, Bacillus licheniformis and Bacillus thermoglucosidasius", Bull. Korean Chem. Soc., (25)6, 813.

• Sunil A. Patil, Venkata Prasad Surakasi, Sandeep Koul, Shrikant Ijmulwar, Amar Vivek Y.S. Shouche, B. P. Kapadnis, (2009), "Electricity generation using chocolate industry wastewater and its treatment in activated sludge based microbial fuel cell and analysis of developed microbial community in the anode chamber", Bioresource Technology, 100, 5132-5139.

- Todd O Stevens, Sung-Hyun Yang, Kae Kyoung Kwon, Hee-Soon Lee e Sang-Jin Kim, (1996), "Shewanella spongiae sp. nov., isolated from amarine sponge", International Journal of Systematic and Evolutionary Microbiology, 56, 2879-2882.

- Venkata Mohan S., S. Veer Raghavulu, S. Srikanth e P. N. Sarma, (2007), "Bioelectricity production by mediatorless microbial fuel cell under acidophilic condition using wastewater as substrate: Influence of substrate loading rate", Current science, 92, 1720-1726.

- Youngjin Choi, Eunkyoung Jung, Hyunjoo Park, Seung R. Paik, Seunho Jung e Sunghyun Kim, "Construction of Microbial Fuel Cells Using Thermophilic Micro organisms, Bacillus licheniformis and Bacillus thermoglucosidasius", (2004), Bull. KoreanChem. Soc., 25, 1531-1536.

- Yujie Feng, yunjoo Park, Seung R. Paik, (2008), "Electricity Generation Using an AirCathode Single Chamber Microbial Fuel Cell in the Presence and Absence of a Proton Exchange Membrane", Appl Microbiol Biotechnol, 28, 86-91.

- Zhang, Geun-Cheol Gil, In-Seop Chang, Byung Hong Kim, (2007), "Operational parameters affecting the performance of a mediator-less microbial fuel cell", Biosensors and Bioelectronics, 18, 327 -328.

- Zhao, Ghangrekar, V. B. Shinde, (2005), "Wastewater Treatment in Microbial Fuel Cell and ElectricityGeneration", A Sustainable Approach, 17, 785-787.

- Zhen He, Shelley D. Minteer, e Largust, (2005), "Electricity Generation from Artificial Wastewater Using an Upflow Microbial Fuel Cell", Environ. Sci. Technol., 39, 5262-5267.

Printed by Books on Demand GmbH, Norderstedt / Germany